◉ 阿瑛 **主编**
◉ 陈加田 **编著**

# 果蔬雕刻
# 轻松跟我学

人民邮电出版社
北京

**图书在版编目（CIP）数据**

果蔬雕刻轻松跟我学. 初级篇 / 阿瑛主编 ; 陈加田编著. -- 北京 : 人民邮电出版社, 2018.8
ISBN 978-7-115-48589-2

Ⅰ. ①果… Ⅱ. ①阿… ②陈… Ⅲ. ①水果—食品雕刻②蔬菜—食品雕刻 Ⅳ. ①TS972.114

中国版本图书馆CIP数据核字(2018)第129032号

## 内 容 提 要

果蔬雕刻历史悠久，早在明清时期瓜雕作品就已经出现。随着时代的发展，果蔬雕刻越来越受到人们的青睐。本书是一本果蔬雕刻的入门教学用书。通过对本书的学习，你的雕刻技艺可与日俱进。

本书共分为六部分，第一部分为果蔬雕刻的基础知识介绍；第二部分至第五部分为花卉类、昆虫类、禽鸟类、水产类的花盘雕刻；第六部分为大家展示了精美菜肴雕刻作品。全书共计 80 例精美作品展示，读者不仅可以学会各种菜肴雕刻技法，还可以参考书中案例进行创作，即学即用。

本书可作为餐饮业从业人员的培训用书，也可作为职业技术学校烹饪专业师生和烹饪爱好者的参考用书。

◆ 主　　编　阿　瑛
　编　　著　陈加田
　责任编辑　王雅倩
　责任印制　陈　犇
◆ 人民邮电出版社出版发行　　北京市丰台区成寿寺路 11 号
　邮编　100164　　电子邮件　315@ptpress.com.cn
　网址　http://www.ptpress.com.cn
　北京捷迅佳彩印刷有限公司印刷
◆ 开本：787×1092　1/16
　印张：6　　　　　　　　2018 年 8 月第 1 版
　字数：200 千字　　　　　2018 年 8 月北京第 1 次印刷

定价：39.80 元

读者服务热线：(010)81055296　印装质量热线：(010)81055316
反盗版热线：(010)81055315
广告经营许可证：京东工商广登字 20170147 号

# 序一 PROLOGUE

食品雕刻是将具有可塑性的固体烹饪原料雕刻成各种形状的加工工艺，是一种食品造型美化艺术，是我国烹饪技术中不可缺少的重要组成部分，是菜肴优化工艺中的一颗璀璨明珠。食品雕刻是在石雕、木雕的基础上逐步发展的。据考证，食品雕刻源于两千多年前的祭祀活动，现代则广泛应用到中式宴会、西餐宴会以及自助餐等看台展示中。

食品雕刻，可以美化菜肴形态，丰富餐饮文化，增添宴席艺术效果，提高宴席的品位，生动的食雕造型能给人以高雅优美的享受。

在中国烹饪百花园中，湘菜可谓是异彩纷呈、根深叶茂，它具有鲜明的湘风湘味，朴实可口，受到全国人们的喜爱。随着湘菜的发展，大批烹饪人才脱颖而出。本书的作者——食雕大师陈加田就是其中的优秀代表之一。

25年的烹饪生涯中，陈加田几乎每天和果蔬打交道，他刻苦钻研食雕技术，默默地进行创作。凭着对食品雕刻的执著，他刻苦练习，临摹绘画；为了使作品更加生动，他养鸡、喂猫、喂狗、养金鱼、种花，经常去动物园和植物园观察、写生，一待就是一天。他认为人应该坚守自己的信念，为追求梦想，应耐得住孤独，守得住寂寞。“梅花香自苦寒来”，他的勤奋努力终于得到认可，其作品在烹饪大赛中脱颖而出。从果雕、冰雕、糖雕、豆腐雕、面雕，到蒙眼雕、站在行进中的滑板上雕刻，他成了全国少见的食品雕刻绝技表演大师。

在赞誉声中，陈加田并没有满足，“心不乏则身不累”，他一直梦想将积累的食雕经验传授给学生，实现自己的人生价值，为此编著“果蔬雕刻轻松跟我学”丛书。此丛书是他多年心血的结晶，他根据不同的主题大胆创新，其食雕作品题材丰富，从小巧的蜻蜓、蝴蝶、蝈蝈到龙凤、熊猫、烈马、猫兔、时尚卡通，从风景到风俗，逐渐形成系列。他雕的鸟兽动感十足，充满灵性与温情；淑女温文尔雅、委婉柔情；龙气势威猛、栩栩如生。

丛书中每个作品的步骤讲解翔实，并把作品的侧面、背面都展示给读者；对刀法练习、运刀基本功的介绍也十分详细；分步练习、关键的点拨能使初学者茅塞顿开，迅速提高食雕技艺。初学者只要按纲目循序渐进地练习，必将成为烹饪食雕的高手。

25年前，加田拜我为师，他每天勤学苦练，昔日情景还历历在目。如今加田在烹饪界声名卓著，他的弟子遍布大江南北。“青出于蓝而胜于蓝”，盼加田继续保持饱满的热忱，高尚的情操，练就更加精湛的技艺，为中国烹饪事业做出更大的贡献。

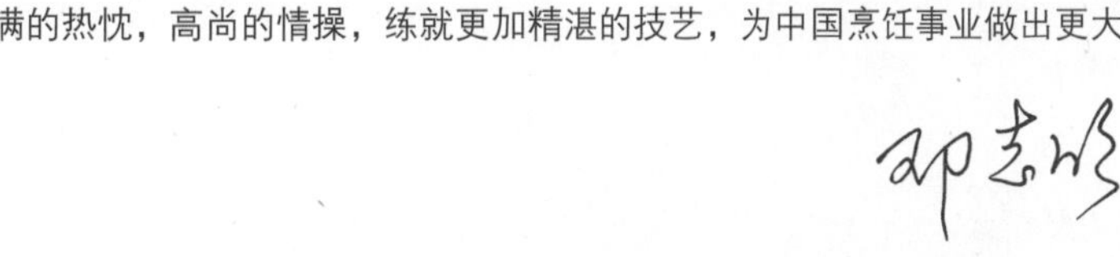

# 序二 PROLOGUE

果蔬雕刻在我国历史悠久，早在明清时期，宫廷和各地区的高档宴席中，瓜雕作品已经出现。随着时代的发展，果蔬雕刻越来越受到人们的青睐。中式烹饪讲究：色、香、味、形、气，而果蔬雕刻则对其中的“色”和“形”方面起到良好辅助作用。所以，果蔬雕刻已成为厨师烹饪课中重要的专业课程之一。

食品雕刻艺术越来越被重视。把果蔬雕刻作品运用到菜肴宴席，使菜肴具有艺术观赏性的同时，又烘托了现场的气氛。果蔬雕刻的使用分为菜肴点缀和独立使用两种。菜肴点缀是指在菜肴装盘时，把果蔬雕刻作品放在一角作点缀，使菜肴的造型更加美观，更具艺术观赏性；独立使用是指常见的席面组合雕和展示台，这种方式多用来烘托现场气氛，提高宴会档次。如今在一些高档宴席、大型宴会上，由于普遍采用了自主分餐制，桌子中间往往不会摆设菜肴，而是摆上一些具有象征意义的食雕作品，巧妙地烘托整个就餐气氛。此外，食雕在各式各样的美食节中也充分显示了其独特的魅力，起到了画龙点睛的作用。

陈加田是湖南烹坛的一匹黑马，长年致力于果蔬雕刻艺术的研究和探索。他曾供职于长沙、广州、武汉等多家星级宾馆和知名饭店，多次作为湖南省优秀代表参加全国厨艺绝技大赛，屡次摘金夺银，被多家媒体誉为“潇湘神刀”。为了让更多对果蔬雕刻感兴趣的人学习，陈加田根据多年积累的实践经验，编著了“果蔬雕刻轻松跟我学”丛书。本套丛书分三册，由浅入深，循序渐进，既注重理论知识的介绍，又强调实用性和可操作性。丛书采用大量精美图解，方便读者理解和学习。同时，大部分食雕造型针对其外形特征、结构比例、雕刻要点、使用场合等多方面做了详尽的注解。勤奋学习离不开好的指导老师和教材，本套丛书既是初学食雕者的入门教材，又可作为已掌握一定食雕技术者的参考用书。

我对“果蔬雕刻轻松跟我学”丛书的出版感到十分高兴，并期望陈加田坚持不懈，继续为传播中华食雕艺术和烹饪文化做出不懈努力！

许菊云

# 前言 PREFACE

“艺术不论天分，兴趣就是自己最好的老师”，这是我经常对学生们讲的一句话。兴趣、耐心和毅力是成功的三个要素。我是一个很普通的人，虽然没有专业的美术基础和雕刻功底，但我通过苦练达到了如今的成就。凭着对雕刻艺术的热爱，从学雕第一朵花开始，我就把刻刀带在身上，不论春夏秋冬。做自己喜欢的事情总是最容易成功的，经常有朋友和我说：“我想学，但就怕学不好。”我想说的是：“成功需要信念和敬业精神，用一生的时间来做好一件事，一分付出就有一分回报”。只要自己奋斗过，就不会后悔。在此特别感谢我的两位恩师邓志明校长和许菊云大师，是他们的教导坚定了我的信念。还要感谢我的学生们，以及所有帮助过我的朋友们，是他们的支持帮我把食品艺术呈现给了世界。

食品雕刻是一种特殊艺术，是饮食文化进步的一种体现。追求美是人的天性，现在经济发达了，生活质量提高，“吃”不再是一种“本能”，更是一种文化，食品雕刻艺术自然地融入这种饮食文化当中，为我们中华美食增光添彩。近几年来菜肴装饰艺术发展很快，食品雕刻作品也越来越艺术化，表现形式也越来越丰富，有传统的果蔬雕刻，民间的工艺面塑、冰雕、黄油和巧克力雕，现在更是把原来流行于西方的糖艺也运用到中式餐饮中来了。食雕的方式主要分为手工制作和模具复制两大类，虽然各种各样的食雕模具很多，操作也很简单，但手工制作还是占主导地位。因为它和我们中华民族几千年的传统民间手工艺术密切相关，有独特的魅力和文化背景，其作品千变万化、淳朴自然，是我们现代中华美食的一道亮丽的风景，也是各种食雕模具无法媲美的。

果蔬雕刻是其他食品类雕刻艺术的基础，用途最广，原料简便，易于操作和学习。从简单雕刻菜肴围边到精致小巧的立体雕刻盘头作品、高档的席面装饰和宴会展台的制作，都可以用果蔬雕刻来一一体现。本套丛书分为《果蔬雕刻轻松跟我学——菜肴围边》《果蔬雕刻轻松跟我学——初级篇》和《果蔬雕刻轻松跟我学——高级篇》三本，汇集了我25年的雕刻经验，详细地介绍了果蔬雕刻的制作过程，其内容丰富，从易到难，繁简适当，造型逼真，贴切实用，易于学习，适合各种层次的食雕爱好者们学习和参考。

艺无止境，没有最好，只有更好，大浪淘沙，不进则退。我们只有不断地努力和探索，才能更好地实现人生价值。奋斗是一种磨砺，成功是一种喜悦，能对别人有所帮助更是一种幸福，但愿我的这套丛书能对众多食雕艺术爱好者们有所裨益。本套丛书从制作到出版用时近一年，虽然付出了大量的时间和精力，但由于种种原因，书中难免有不足之处，请朋友们多加谅解和指教。最后祝大家身体健康，事业有成！

# 目 录 CONTENTS

# 果蔬雕刻的基础知识

# ◆果蔬雕刻原料知识◆

果蔬雕刻的原料有很多，具体可分为蔬菜类和水果类。

## 1 蔬菜类

蔬菜类常用的雕刻原料有南瓜、冬瓜、白萝卜、青萝卜、胡萝卜、心里美萝卜、槟榔芋头、红薯等。不同原料有不同的用处，比如南瓜适合雕刻一些大型的作品，如龙凤、人物等，是制作展台和大型看盘必不可少的原材料；萝卜、槟榔芋头等小型原料可以雕刻一些花、鸟、鱼、虫等小型作品，主要用来做菜肴的装饰，它们的颜色鲜艳，可以给菜肴增光添彩。

## 2 水果类

水果中常用的雕刻原料有西瓜、木瓜、哈密瓜、菠萝、火龙果等。由于水果的质地和蔬菜不一样，所以一般只用来雕刻一些简单的作品或用来做装菜的器皿。水果雕刻作品不但可以欣赏，还可以直接食用。

# ◆果蔬雕刻工具和磨刀方法◆

果蔬雕刻的工具很多，除了选用现成的工具外，有经验的雕刻师还可以自己制作。常用的工具有以下几种。

## 切刀

用来切大型原料和组装作品的衔接面。

## 主刀（又称手刀）

是最常用的一把刀，也是最重要的一把刀，一些重要和常用的手法都要用主刀来体现。

## 戳刀

戳刀又分U形戳刀和V形戳刀，并分为6～8种型号，是果蔬雕刻常用的辅助工具之一。

## 特殊刀具

有磨具刀、波纹刀、挖球器、拉刻刀等。

雕刻刀具要越锋利越好，特别是主刀，刀面要平，刀口要薄。磨刀的时候要保持一个角度，不能晃动，重点在刀尖，因为刀尖是雕刻的关键部位，刀尖越快使用时就越轻松。检验刀快的方法是把刀口向上对着光线，看不到刀口上的一条白线，刀便锋利了。

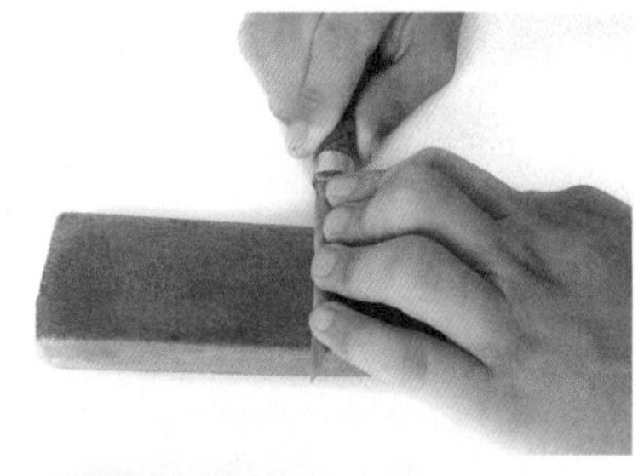

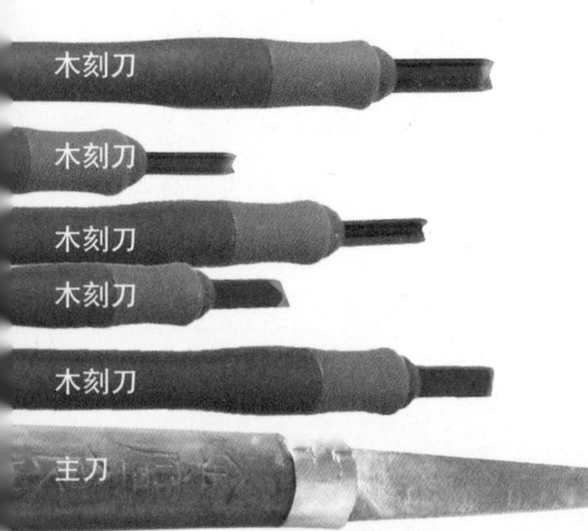


①1号U形戳刀
②2号U形戳刀
③3号U形戳刀
④4号U形戳刀
⑤5号U形戳刀
⑥6号U形戳刀
⑦1号V形戳刀
⑧2号V形戳刀
⑨3号V形戳刀
⑩拉刻刀
⑪反口戳刀
⑫挑环刀
⑬主刀

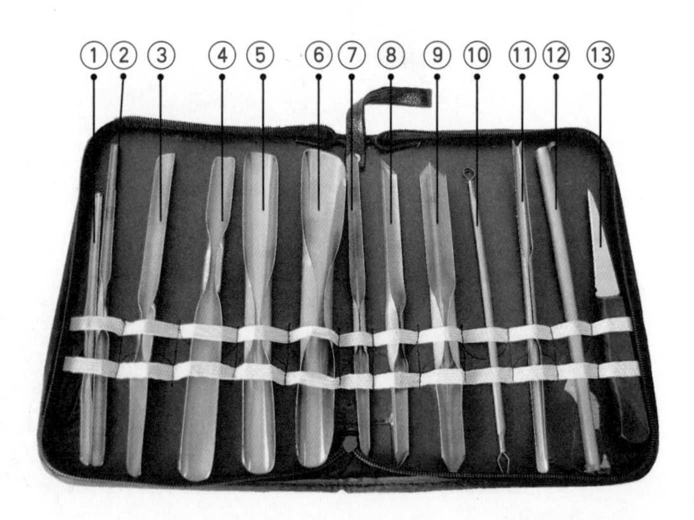

# ◆果蔬雕刻的基本刀法和手法◆

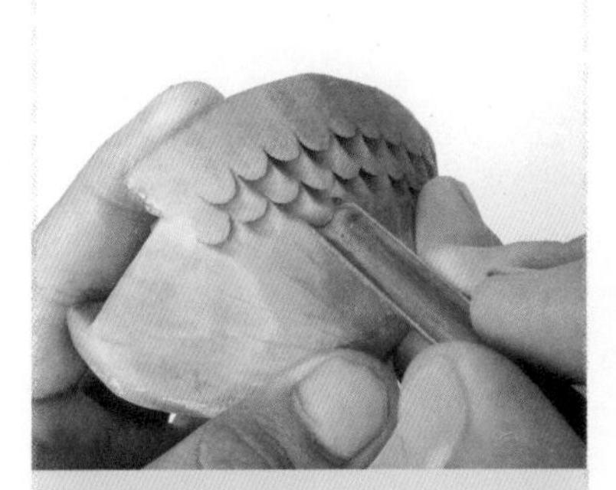

## 戳刀法

戳刀法运用很广，可用各种戳刀在原料上戳出想要的效果，是一种既可体现作品细节，又能提高效率的方法。

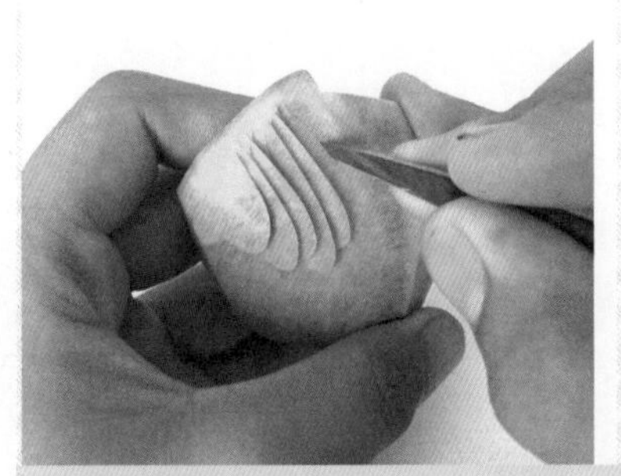

## 拉刻刀法

拉刻刀法是用主刀在原料上拉刻出线条的一种刀法，主要用于制作鸟类的羽毛和人物的衣纹等。

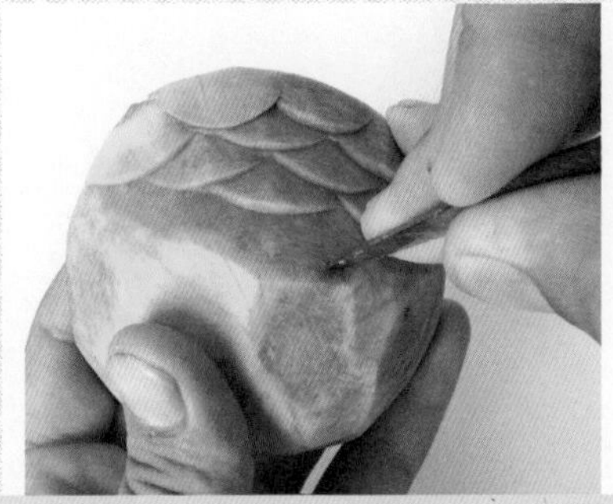

## 反拉刀法

反拉刀法就是用拇指、食指和中指捏住刀面，以无名指和小指为依托，刀口向右反方向拉刻进刀的方法，一般用于雕刻短距离的细节部分，如鱼鳞、眼睛等。

## 执笔式握刀法

执笔式握刀法和反拉刀法基本相同，只是食指是压住刀背的，其运刀的方向是向左或向下，一般用于雕刻花卉和整雕的粗坯阶段。

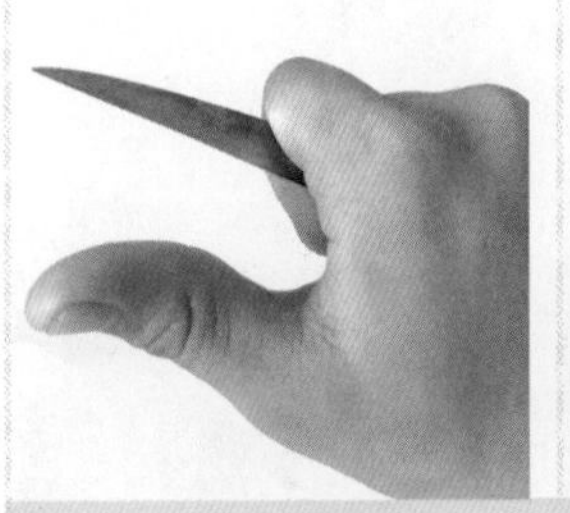

## 重手握刀法

重手握刀法是以拇指为依托点，其余四指握住刀柄，刀口与拇指相对，刀尖与拇指同高，其受力面积宽，力度较大，容易掌控，多用于原料去皮和雕刻粗坯。

# ◆果蔬雕刻的分类和保存◆

## 分类

雕刻艺术的表现形式分为平面雕和立体雕两大类。平面雕又分为浮雕和镂空雕，如我们常雕刻的瓜灯和瓜盅。要学好平面雕需要有一定的绘画基础，作品的美观与否与食雕者的绘画水平有关。

立体雕分为整雕和组合雕，整雕是把一个物体雕刻成一个完整的作品，因为整雕的材料局限性较大，所以一般多以夸张和抽象的形式来表现。食雕者需要有丰富的想象能力和扎实的刀功基础。组合雕是把多个作品或一些零部件先单独雕好，再组装成一个完整的作品，是食品雕刻中最常采用的方式。通过这种方式就可以把特殊的食品原料雕刻成我们需要的艺术效果。

## 保存

由于食品原料保存的时间不长，因此在操作过程中需要利用一些方法延长作品的存放时间。最方便且直接的方法是用清水浸泡，可保持作品的新鲜艳丽，但这种方法一般只在操作的过程中使用。夏天可以考虑用保湿冷藏法，就是用干净的湿毛巾或保鲜膜把作品包裹后放进保鲜盒或整理箱内，再将其放进冷藏柜，冷藏柜的温度应在2℃~5℃之间。当然，我们要根据作品所用原料的性质和大小灵活运用不同的保存方法。

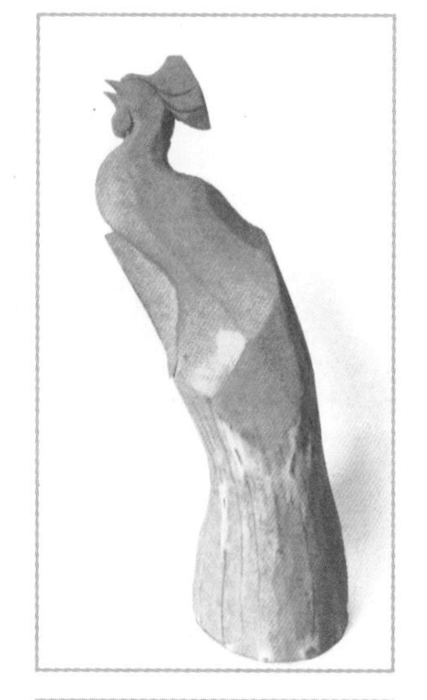

# ◆陪衬物练习◆

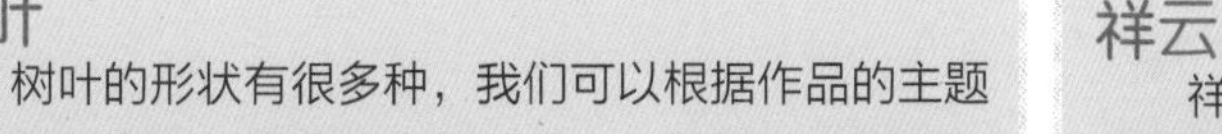

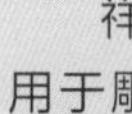

## 树叶

树叶的形状有很多种，我们可以根据作品的主题需要进行搭配，常用的有牡丹花叶、松树叶、柳叶和竹叶等。在这里介绍一种简单的树叶雕法，这种树叶多用于和花鸟的搭配，可以起到锦上添花的效果。

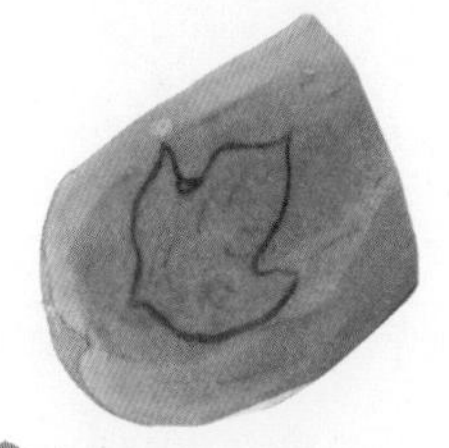

1 把原料切成厚片，用笔画出树叶的形状。

2 用主刀把树叶刻出来。

3 用V形戳刀或刻线刀把叶脉刻好。

4 用片刀把叶子切成片即可。

## 祥云

祥云的雕法很多，有单朵的和多层组合的，多用于雕刻龙凤和神话人物的陪衬。应用时可以根据作品的大小来设计祥云的比例。在描绘和雕刻时注意线条要自然，云褶要分明，这样雕刻的祥云才会自然流畅。下面介绍的是一种上下结构的祥云。

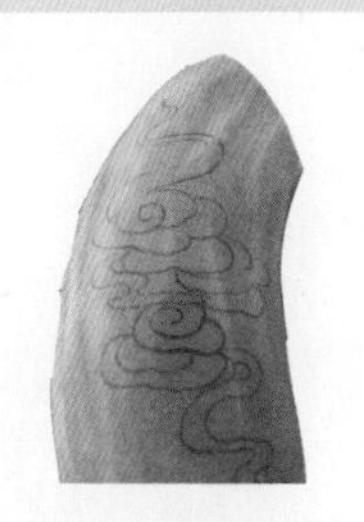

1 用一块较大的原料，把祥云画出来。

2 用V形戳刀或主刀把祥云的线条刻出来。

3 用主刀刻出祥云的层次。

4 去除废料即可。

## 水浪

水浪一般用于龙和鱼类等水产动物的陪衬。雕刻水浪时要注意浪花要自然且无规律，水线要流畅均匀，结构要合理。下面介绍的是一种常见的水浪雕刻方法。

1 用一块较大的原料，画出水浪的图案。

2 用主刀刻出浪花和水柱。

3 用拉刻刀或V形戳刀刻出水线。

4 去除废料即可。

## 小草

小草多用于花鸟和动物等作品的陪衬。制作时，刀法要顺畅，草叶尖细，要能体现出小草既坚韧又娇柔的特点。

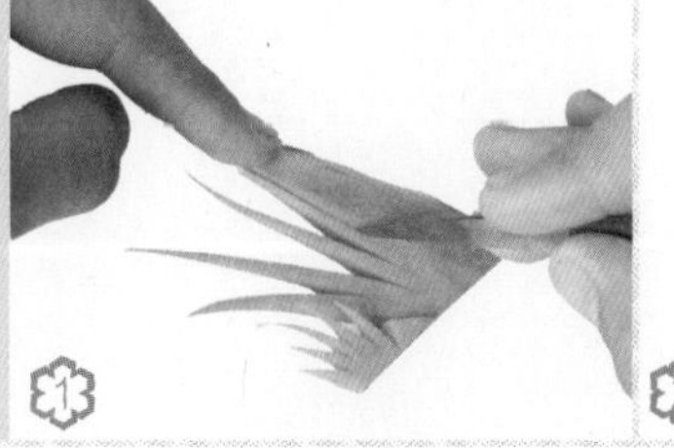

1

2

花卉类

# 兰花

## 原料

胡萝卜、心里美萝卜、冬瓜。

## 工具

手刀、胶水。

## 制作方法

1. 把胡萝卜切成5cm左右长的柱体，并削成一个杯子状。
2. 将杯身切成3面，底部要小。
3. 刻出3片花瓣（图3~图4）。
4. 把胡萝卜切成细丝，心里美萝卜切成米粒状，用胶水把米粒状的心里美萝卜黏在细丝的一端，做成花蕊（图5）。
5. 用冬瓜刻好假山，把刻好的兰花用牙签插好即可（大图）。

# 杜鹃花

## 原料

胡萝卜。

## 工具

切刀、U形戳刀。

## 制作方法

杜鹃花与兰花的雕刻方法大致相同，只是花瓣的形状稍有区别。

# 节节高

## 原料

红萝卜。

## 工具

切刀。

## 制作方法

1. 选一个较小的红萝卜削圆，去掉第1层花瓣的废料。
2. 刻出第1层花瓣，交叉去掉第2层废料。
3. 用同样的方法刻出第3、第4、第5层花瓣。
4. 再多刻几朵花并用竹签插上即可。

# 月季花

## 原料

心里美萝卜、白萝卜。

## 工具

手刀。

## 制作方法

1. 削出碗状的花坯。
2. 刻出第1层的5个花瓣的形状。
3. 交叉去掉废料。
4. 用刀尖将花瓣刻成椭圆状。
5. 刻出花瓣。
6. 从右往左下刀去掉废料（图6~图7）。
7. 每层交叉去掉废料，用相同的方法刻出第2、第3、第4层花瓣（图8）。
8. 刻出花蕊（图9~图10）。
9. 月季花成品图（大图）。

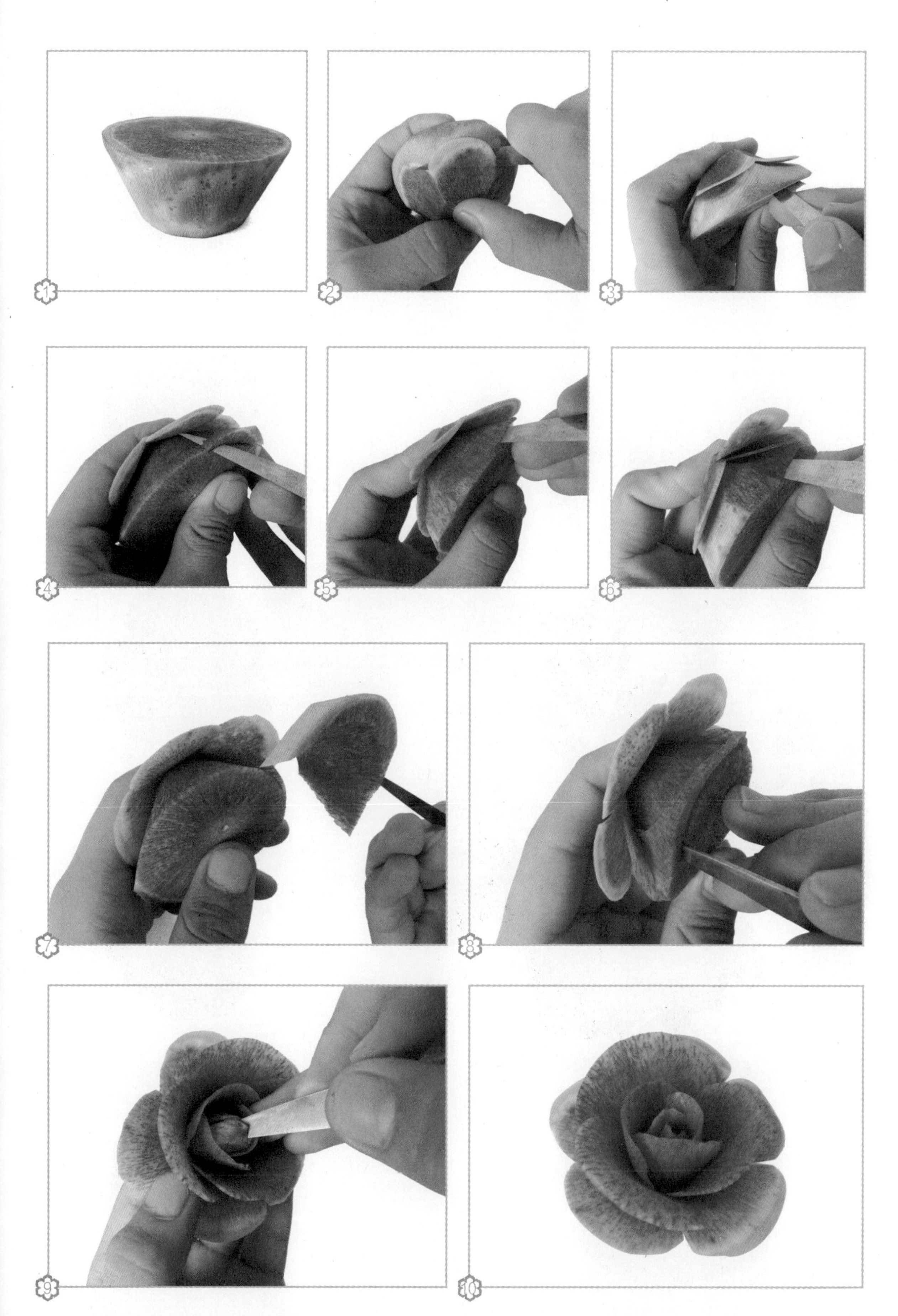

# 茶花

## 原 料

胡萝卜、南瓜。

## 工 具

手刀、V形戳刀。

## 制作方法一

1. 在原料底部先去掉一块废料。
2. 刻出第1层的4个花瓣。
3. 按照刻月季花的方法刻出4层花瓣。
4. 用V形戳刀戳出花蕊。
5. 茶花成品图。

## 制作方法二

1. 取一段上大下小的圆柱形胡萝卜。
2. 将胡萝卜底层切成五等分切面。
3. 刻出最底层的5个花瓣（图3~图4）。
4. 再刻出第2层花瓣（图5）。
5. 刻出第3层花瓣（图6）。
6. 刻出第4层花瓣（图7）。
7. 去掉花蕊部分，另取南瓜丝做花蕊（图8）。

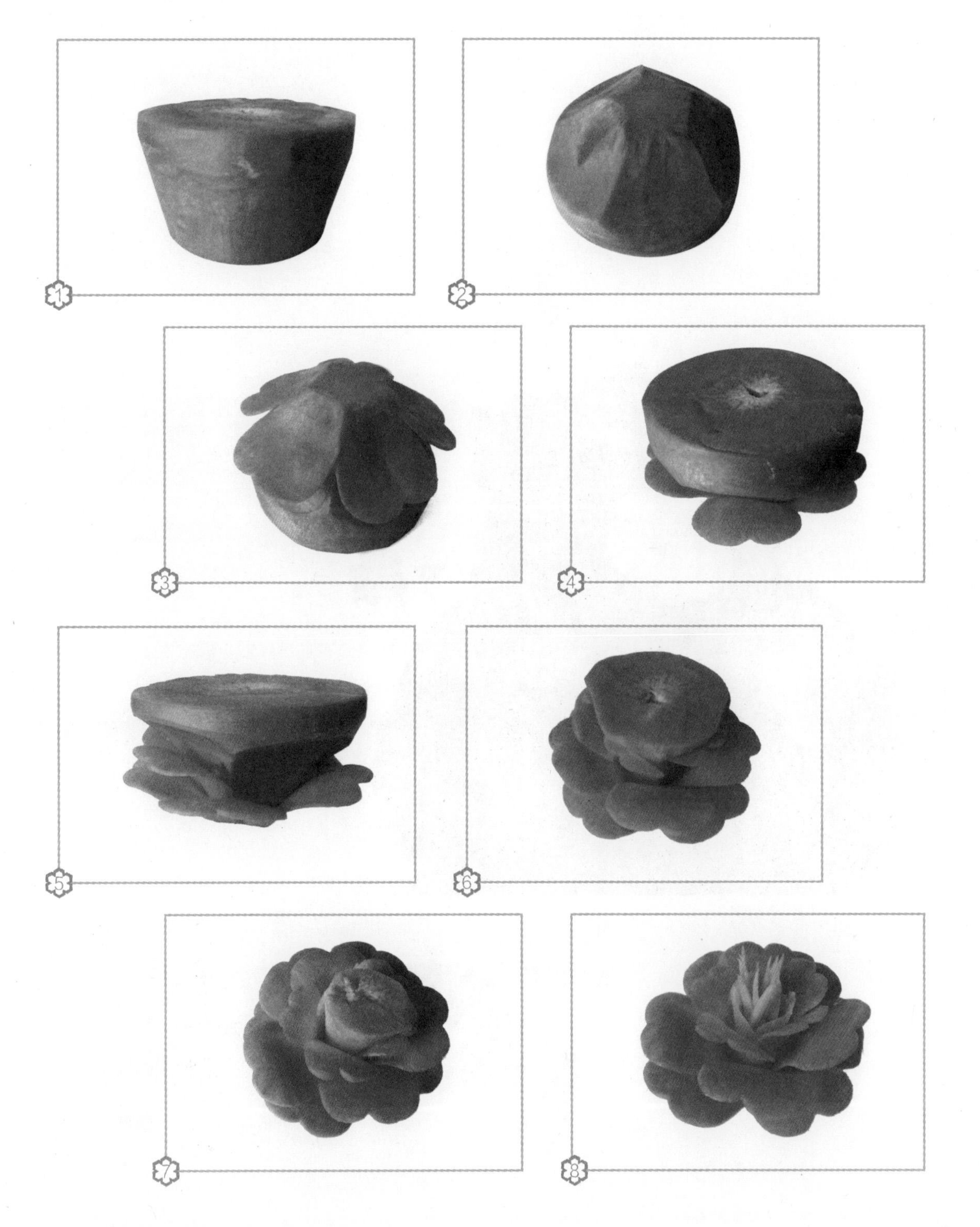

# 牵牛花

## 原料

白萝卜、胡萝卜、心里美萝卜。

## 工具

手刀、U形戳刀。

## 制作方法

1. 把白萝卜切成约6.5cm长的段，并刻出花坯。
2. 用U形戳刀和主刀把花瓣边缘下面戳空。
3. 刻出花蒂。
4. 把胡萝卜和心里美萝卜做成花蕊。
5. 黏上花蕊即可。

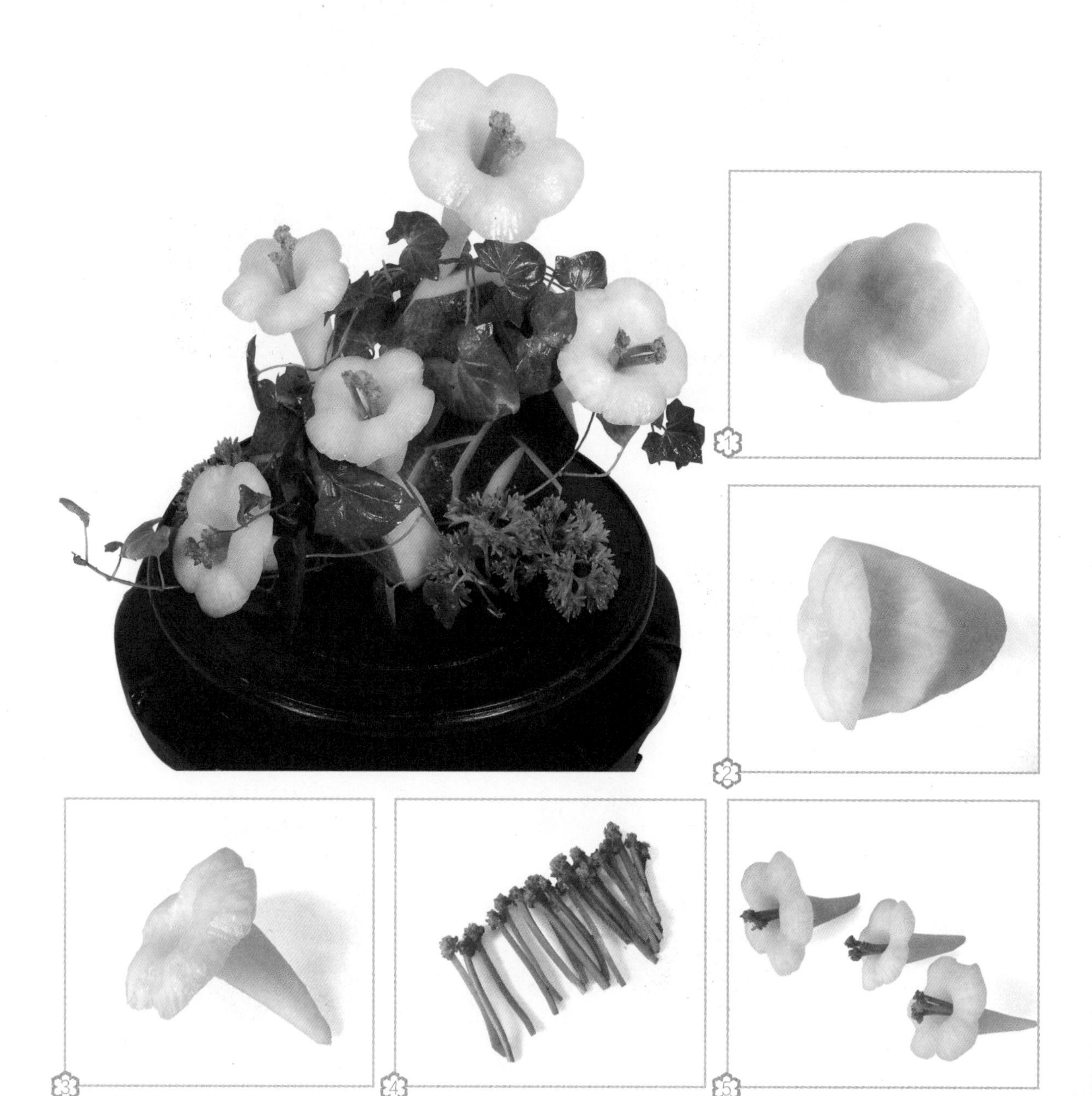

# 马蹄莲

## 原料

白萝卜、心里美萝卜、胡萝卜。

## 工具

手刀、U形戳刀。

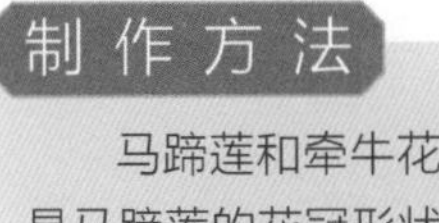

## 制作方法

马蹄莲和牵牛花的雕刻方法大致相同，只是马蹄莲的花冠形状略有不同。

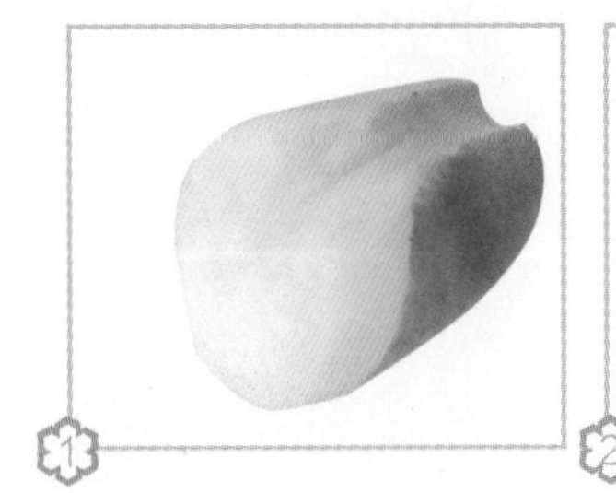

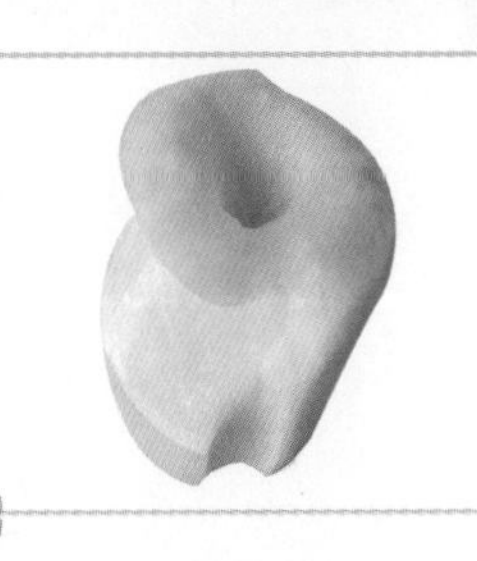

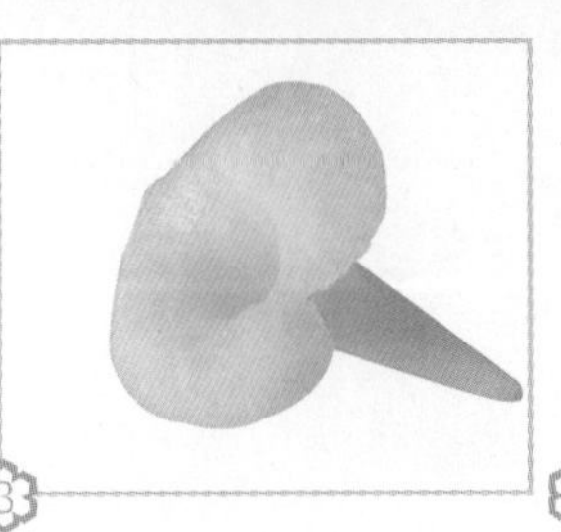

# 野菊花

## 原料

南瓜。

## 工具

手刀、U形戳刀。

## 制作方法

1. 把南瓜切成1cm厚的圆片。
2. 用1号U形戳刀戳出花瓣。
3. 去掉底部废料。
4. 野菊花成品图。

# 卷毛菊

## 原 料

大白菜。

## 工 具

切刀、U形戳刀。

## 制 作 方 法

1. 用1号U形戳刀在白菜帮上戳出第1层花瓣。
2. 去掉废料，再戳第2层，第2层要比第1层稍长一点。
3. 用同样的方法戳出第3、第4层花瓣，从第5层开始把白菜切下，从白菜的反面戳出花瓣。
4. 把白菜戳完后放到清水中浸泡15分钟左右，等到自然卷曲，再用食用柠檬黄染成黄色即可。
5. 卷毛菊成品图。

1

2

3

4

5

# 松鳞菊

## 原料

心里美萝卜。

## 工具

手刀、U形戳刀。

## 制作方法

1. 把原料切成5cm左右的厚块。
2. 用手刀削成包子状。
3. 用5号U形戳刀在原料中心垂直戳一个深约1cm的花蕊，再用1号U形戳刀戳出第1层花瓣。
4. 分别用2号、3号、4号U形戳刀交叉戳出外面3层的花瓣。
5. 用同样的方法戳出第5层和第6层花瓣，去掉底部废料即可。

# 龙爪菊

## 原料

心里美萝卜、南瓜。

## 工具

切刀、V形戳刀。

## 制作方法

1. 把心里美萝卜削成一个陀螺状的坯子。
2. 用戳刀斜方向戳出第1层。
3. 用手刀由上到下去掉一层废料，第一层“花瓣”完成。
4. 戳出第2层花瓣。
5. 去掉一层废料。
6. 用相同的方法把原料一直戳完（图6~图7）。
7. 龙爪菊成品图（图8）。

# 金丝菊

## 原料

南瓜。

## 工具

V形戳刀、主刀。

## 制作方法

1. 把南瓜削平，用戳刀戳出长短不一的尖形花瓣。
2. 将“花瓣”按长短顺序放好。
3. 花蕊用最短的南瓜条黏好。
4. 按照先短后长的顺序黏上全部花瓣，放入清水中浸泡几分钟即可。
5. “金丝菊”成品图。

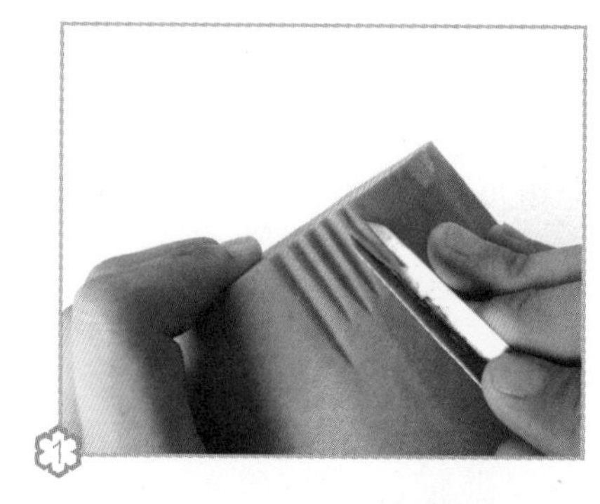

1

2

3

4

5

# 金钱菊

## 原料

南瓜、心里美萝卜 。

## 工具

手刀、U形戳刀。

## 制作方法

1. 把心里美萝卜切成2cm厚并削成圆形。
2. 用5号U形戳刀在中间垂直戳一个深约0.5cm的圆圈，用手刀削圆，用最小号U形戳刀去掉第1层花瓣的废料。
3. 用1号U形戳刀戳出第1层花瓣，去掉第2层的废料。
4. 用2号U形戳刀戳出第2层花瓣。
5. 用同样的方法戳出第3层和第4层花瓣，并把底部废料去掉即可。

# 大丽菊

## 原 料

心里美萝卜。

## 工 具

手刀、U形戳刀、V形戳刀。

## 制作方法一

1. 把原料削成包子状，用U形戳刀在中间戳一个花蕊。
2. 用V形戳刀以S形戳出6层花瓣。
3. 去掉底部废料即可。

1

2

3

## 制作方法二

1. 把原料削成包子状。
2. 用U形戳刀在中间戳出一个花蕊。
3. 用V形戳刀戳出第1层的曲形花瓣。
4. 继续戳出第2层~第6层的花瓣（图4~图5）。
5. 去掉底部废料（图6）。
6. 曲形花瓣大丽菊的正面效果图（图7）。
7. 曲形花瓣和直形花瓣大丽菊的对比效果图（大图）。

# 大丽花

## 原料

心里美萝卜。

## 工具

手刀、V形戳刀。

## 制作方法

1. 把原料削成一个碗状。
2. 将侧面切成6等份，底部只留一个拇指左右大小。
3. 把第1层花瓣削尖，并刻出花瓣。
4. 交叉去掉废料。
5. 把第2层花瓣削尖。
6. 刻出第2层的花瓣。
7. 用同样的方法刻好第3层和第4层的花瓣。
8. 把中间原料削圆，用V形戳刀戳出花蕊即可。

# 梅花

## 原料

胡萝卜、冬瓜 。

## 工具

手刀、V形戳刀、胶水。

## 制作方法

1. 把胡萝卜切成2cm长的段。
2. 分出5个花瓣。
3. 刻出5个花瓣。
4. 把花瓣里面的废料去掉。
5. 用V形戳刀戳出花蕊。
6. 去掉花朵中间的废料，用相同的方法再雕刻几朵梅花（图6~图7）。
7. 用胶水把冬瓜拼接成树枝，把梅花装上即可（大图）。

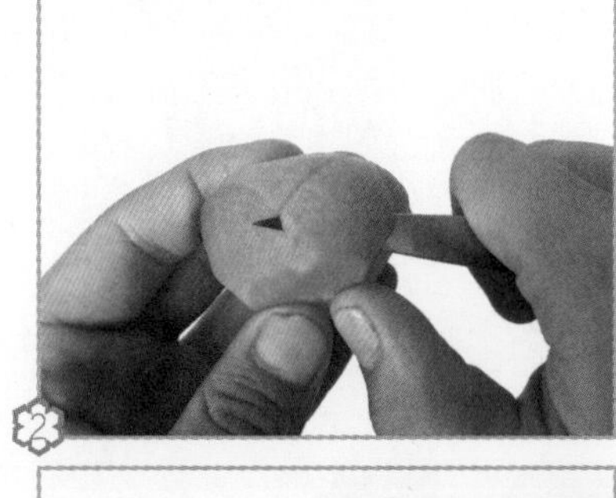

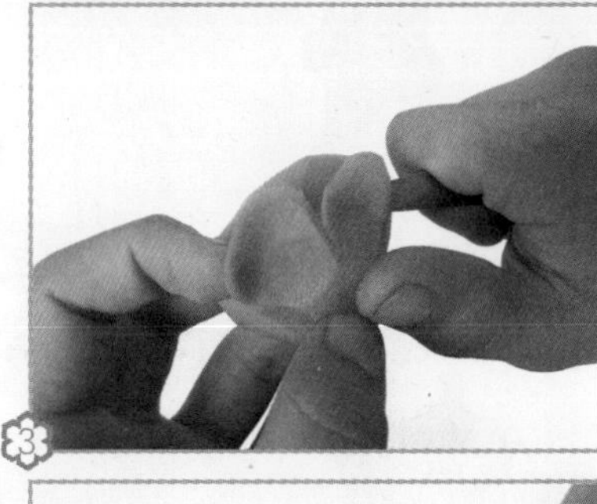

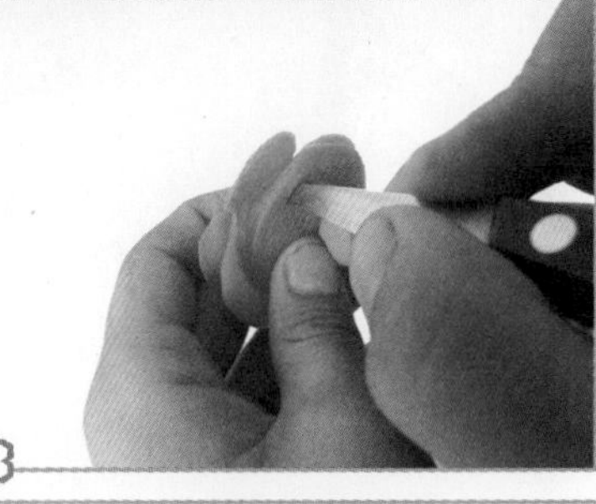

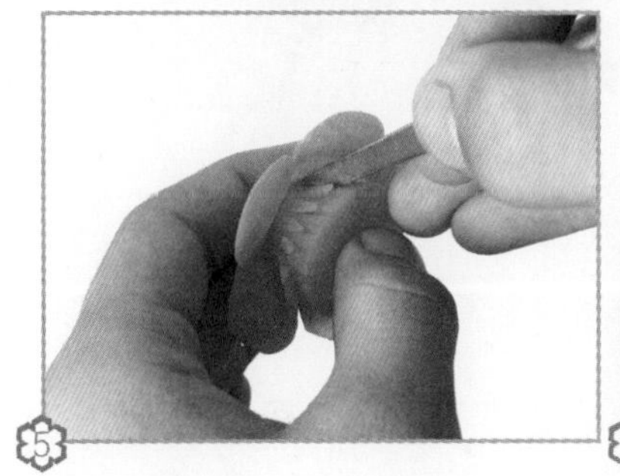

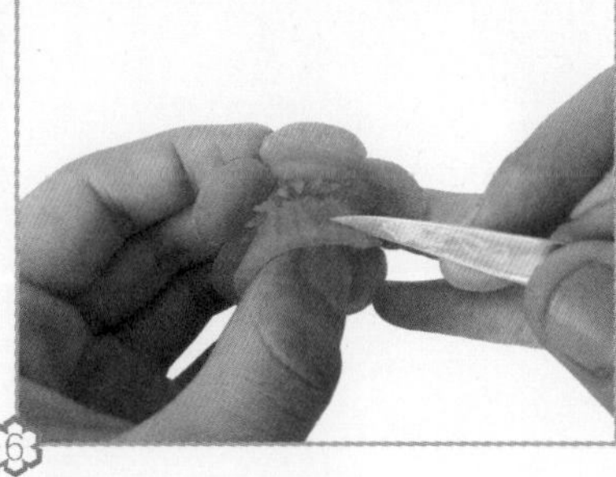

# 红梅花瓶

## 原料

白萝卜、红萝卜、南瓜。

## 工具

U形戳刀、手刀。

## 制作方法

1. 先用白萝卜雕出一个两头小的花瓶胚子。
2. 刻好花瓶，在两边装上4个装饰环。
3. 用南瓜刻出红梅的树枝并插入瓶内。
4. 用红萝卜戳出梅花黏上即可（大图）。

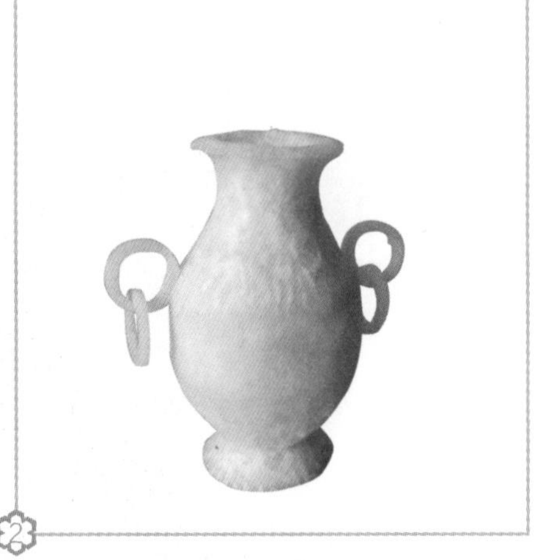

# 玫瑰花

## 原料

胡萝卜。

## 工具

手刀、U形戳刀。

## 制作方法

1. 切好花坯。
2. 用U形戳刀戳出第1层花瓣的弧形。
3. 用手刀把花瓣形状修整好。
4. 用同样的方法刻出第2层和第3层的花瓣（图4~图5）。
5. 用手刀旋转刻出花蕊即可（图6）。

1

2

3

4

5

6

# 牡丹之一

## 原料

心里美萝卜。

## 工具

手刀。

## 制作方法

1. 在原料底部等分切好5个花瓣。
2. 将每个花瓣的边缘刻出3条弧形。
3. 刻出第1层花瓣。
4. 在第2层和第1层交叉去掉废料，并用相同的方法刻出第2层和第3层的花瓣（图4~图6）。
5. 把原料中间刻圆，用手刀以十字形状划开刻成花蕊即可（图7）。

1

2

3

4

5

6

7

# 牡丹之二

## 原料

南瓜 、心里美萝卜。

## 工具

U形戳刀、切刀、手刀、胶水。

## 制作方法

1. 戳好花瓣形状。
2. 用U形戳刀把花瓣取下来。
3. 将花瓣按长短顺序摆好。
4. 用心里美萝卜做一个花蕊，用胶水按先短后长的顺序把花瓣黏上即可。

1

2

3

4

# 睡莲

## 原料

心里美萝卜。

## 工具

手刀、V形戳刀。

## 制作方法

1. 在原料底部切出6片花瓣。
2. 刻出第1层的花瓣。
3. 去掉第2层废料。
4. 刻出第2层和第3层的花瓣。
5. 把原料中间削圆。
6. 用V形戳刀戳一层花蕊，把花蕊切平即可。

1

2

3

4

5

6

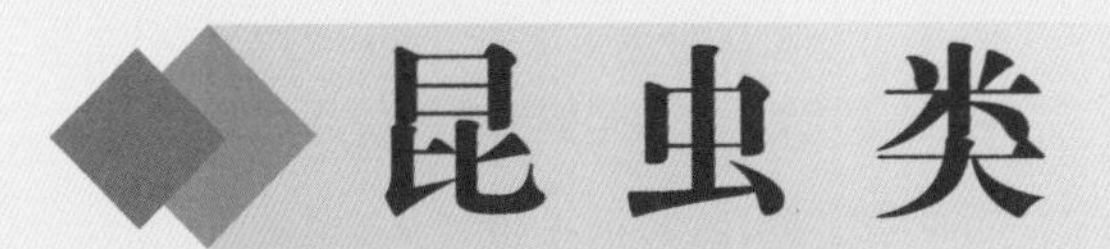

# 昆虫类

# 甜甜蜜蜜

**要领：**

蜜蜂是群居的昆虫，体积又小，所以蜜蜂要多雕几只，花朵雕刻不要太大，使整个作品会更协调。

## 原 料

南瓜、心里美萝卜。

## 工 具

V形戳刀、手刀、拉线刀、胶水。

## 制 作 方 法

1. 用心里美萝卜和南瓜刻出一些小花待用。
2. 用南瓜刻出几片叶子备用。
3. 用南瓜刻出小蜜蜂。
4. 用南瓜刻出山石、树干和树枝。
5. 用胶水将叶子黏在树干和树枝上。
6. 将小花黏在树干和假山上。
7. 把蜜蜂放在不同的位置即可。

# 小栖

## 原料

南瓜、心里美萝卜。

## 工具

手刀、V形戳刀。

## 制作方法

1. 用南瓜将蜻蜓的躯干刻好。
2. 给蜻蜓装上翅膀。
3. 刻好蜻蜓的脚，并用牙签固定。
4. 用南瓜和心里美萝卜刻出荷叶、荷花、枝干和山石。
5. 装上荷叶。
6. 装上荷花，完成底座的雕刻和安装。

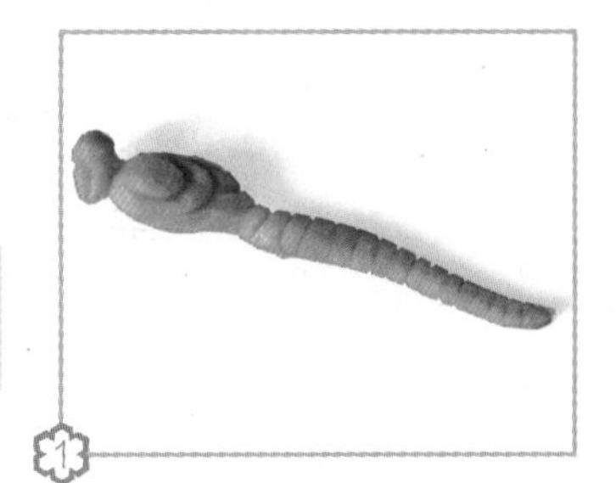

1

2

3

4

5

6

# 园趣

## 原料

南瓜、莴笋。

## 工具

手刀、拉线刀、胶水。

## 制作方法

1. 先用南瓜刻出一个大葫芦和两个小葫芦。
2. 刻些叶子，把葫芦和叶子用胶水黏好并固定（图2~图3）。
3. 用莴笋刻两只蝈蝈放在葫芦叶上即可（大图）。

1

2

3

# 自然规律

## 原料

南瓜、莴笋、胡萝卜。

## 工具

U形戳刀、手刀、拉线刀。

## 制作方法

1. 用南瓜刻出一棵树。
2. 用南瓜刻出一只蝉。
3. 用莴笋刻出一只螳螂。
4. 用胡萝卜刻出一只黄雀。
5. 用南瓜刻好树干和树枝。
6. 把蝉、螳螂和黄雀按从上到下的顺序安装在树上，再刻些小草点缀。

# 禽鸟类

# 禽鸟嘴形

## 禽鸟嘴形练习

1. 扁形嘴　如鸭子、鹅、鸳鸯、大雁等。
2. 钝形嘴　如麻雀、腊嘴鸟等，嘴形短而厚。
3. 钩形嘴　如老鹰、雕和伯劳鸟等，嘴形钩而尖，多为肉食性猛禽。
4. 尖形嘴　如鸡、喜鹊、黄鹂、画眉等，嘴尖而有点弧度。
5. 直形嘴　如仙鹤、白鹭、翠鸟等，大多为水鸟类，其嘴直而长，脖子细长，以水中鱼虾为食。

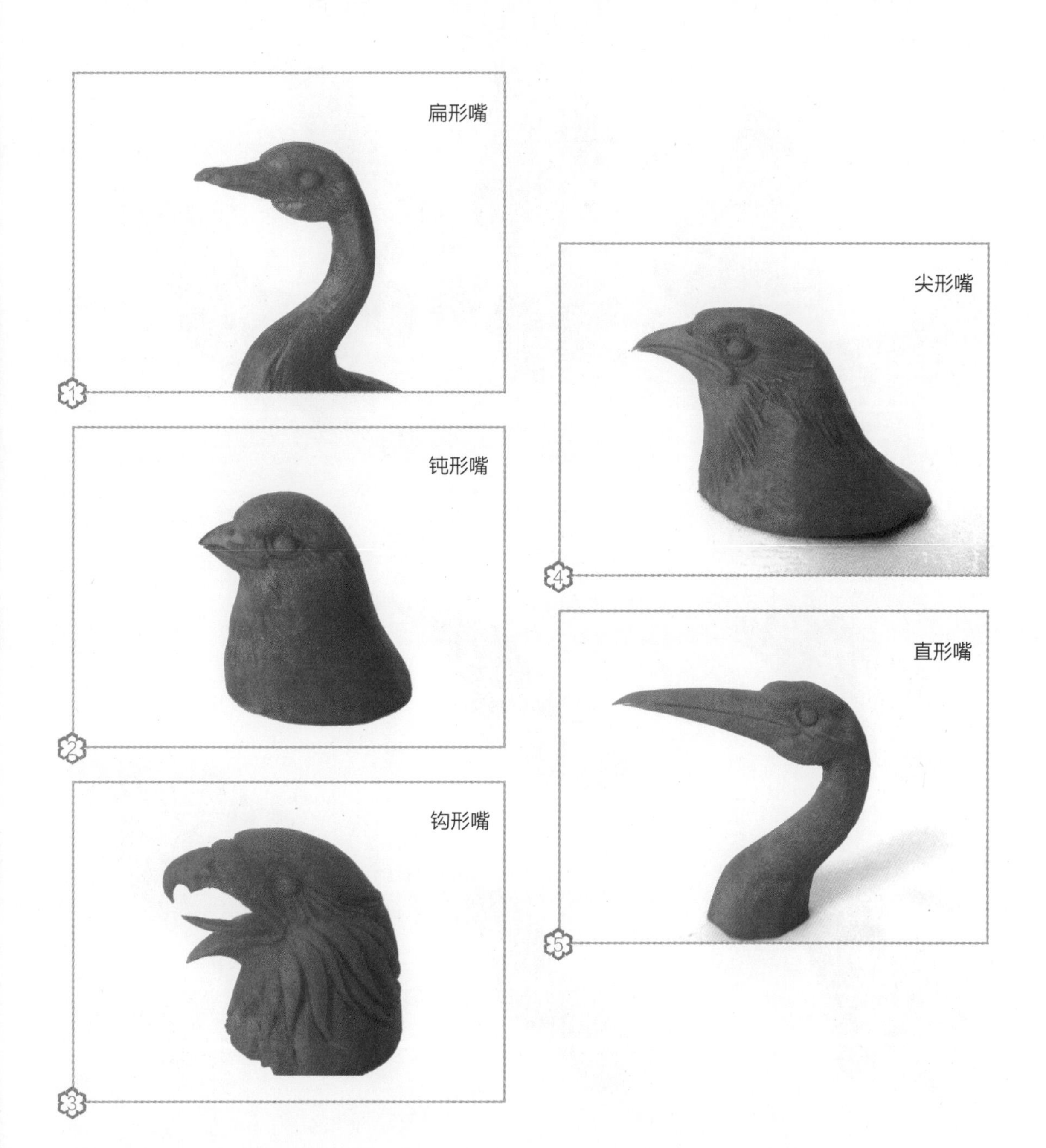

# 禽鸟翅膀

## 禽鸟翅膀练习

1. 长翼形　大型鸟类的翅膀，飞羽多而长，飞行能力强。
2. 尖翼形　翅膀窄而尖，多为小型鸟类。
3. 宽翼形　多为水鸟类翅膀，飞行能力较弱。
4. 细翼形　翅膀细长，飞行速度快，如燕子、海鸥等。
5. 圆翼形　多为家禽类翅膀，基本无飞行能力。

长翼形

1

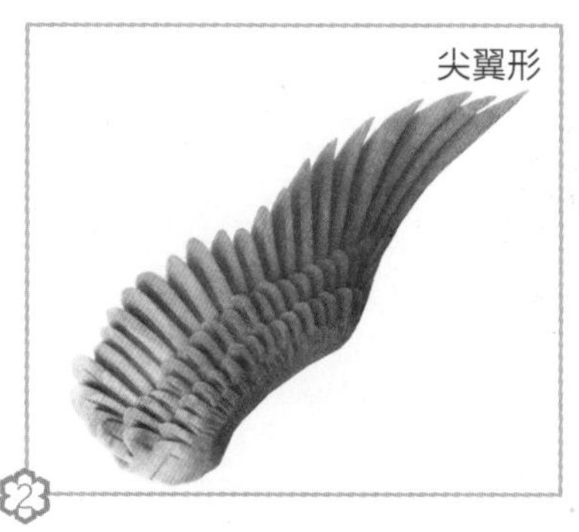

尖翼形

2

圆翼形

5

宽翼形

3

细翼形

4

# 禽鸟尾羽

## 禽鸟尾羽练习

1. 凹尾　尾毛中间短，两边长，如绣眼鸟等。
2. 铗尾　尾毛排列成两行生长，如绶带鸟等。
3. 尖尾　尾毛多而尖细，如锦鸡类等。
4. 平尾　尾毛长短比较一致，如白鹭、海鸥等。
5. 锲尾　啄木鸟等为锲尾。
6. 凸尾　伯劳鸟等为凸尾。
7. 燕尾　燕子等为燕尾。
8. 圆尾　斑鸠、莺类等为圆尾。

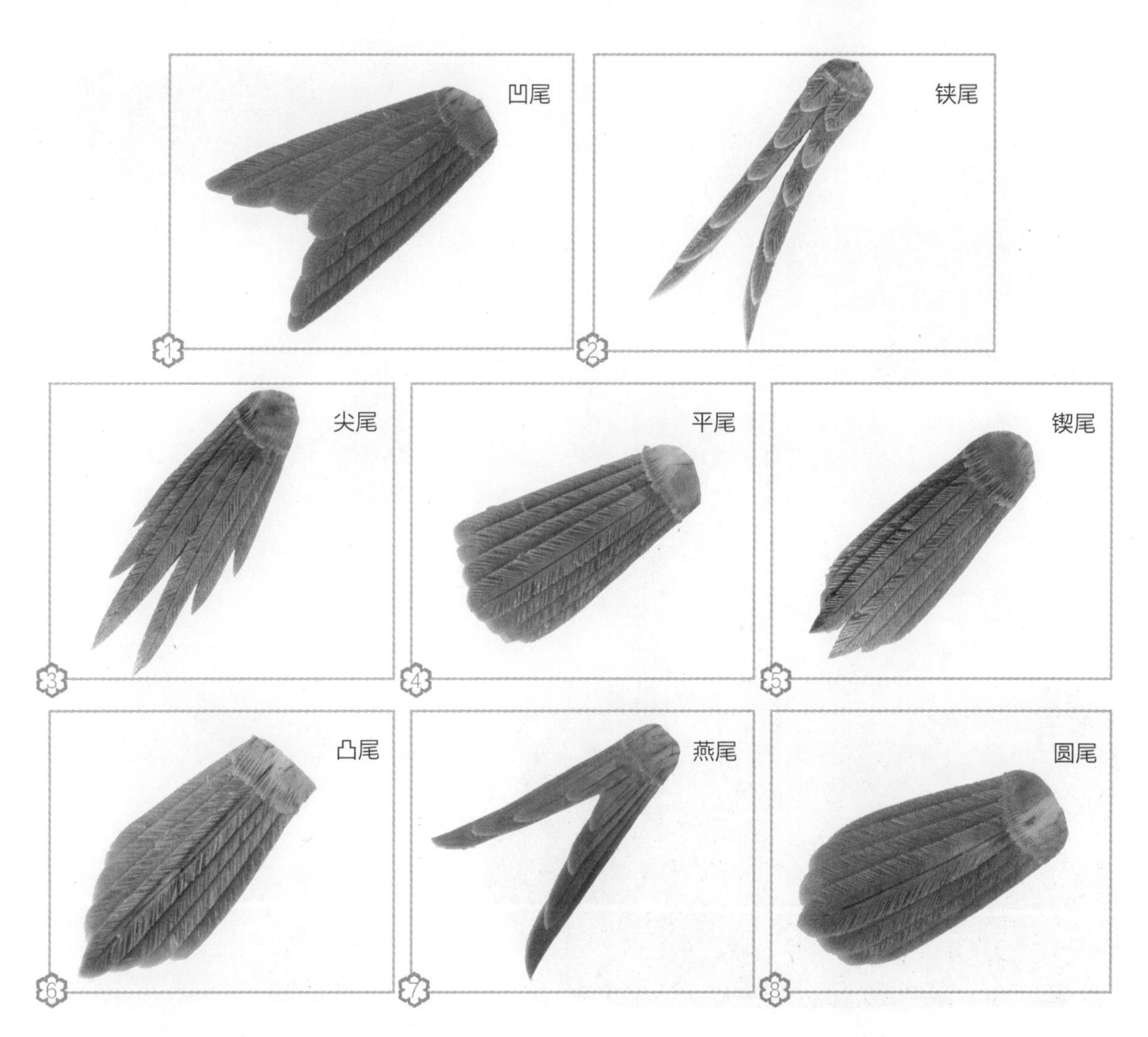

# 云中灵雀

## 原料

南瓜、胡萝卜。

## 工具

手刀、U形戳刀、胶水。

## 制作方法

1. 把胡萝卜两边切成斧头尖，用刀尖刻出鸟头的样子。
2. 刻出云中灵雀的身子粗坯。
3. 用胶水黏上翅膀和尾巴，并刻出眼睛。
4. 用南瓜刻成山石底座和彩云，把云雀装上即可。

**要领：**

云雀要雕刻得自然生动，组装时云雀与山石之间的连接点要少且稳固。

# 白头到老

## 原料

南瓜、胡萝卜、心里美萝卜、白萝卜。

## 工具

切刀、手刀、拉线刀、胶水、牙签。

**要领：**

突出作品的主题，鸟要组合成一个最佳的角度，看起来生动自然，陪衬的花和叶的颜色也要协调。

## 制作方法

1. 刻一个长方形的窗格。
2. 用南瓜做个底座，把窗格装好，在窗格的一头黏上用胡萝卜刻成的树枝。
3. 用胡萝卜刻一个正头和一个偏头的白头翁，头顶的白毛用白萝卜代替，眼睛用仿真眼装饰（图3~图6）。
4. 用心里美萝卜刻两朵牡丹花，再用南瓜刻一些树叶。
5. 用胶水和牙签把白头翁一前一后固定在窗格上。
6. 把花和树叶用胶水黏好，在白头翁的后面插上树枝点缀。

1

2

3

4

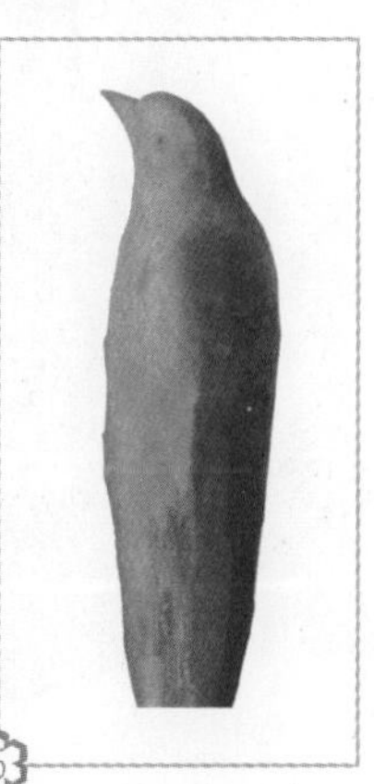

5

6

# 春暖花开

## 原料

胡萝卜、南瓜、心里美萝卜。

## 工具

手刀、U形戳刀、拉线刀。

## 制作方法

1. 刻一个张开翅膀的燕子（图1~图4）。
2. 刻一个静态中的燕子。
3. 用南瓜拼接出树干，用U形戳刀戳出树干的纹路。
4. 刻出花、树叶和小草并装饰。
5. 把两只燕子放在树上即可（大图）。

**要领：**

燕子要雕刻出两种不同的形态，树干要少且粗，底盘要宽，重心要稳。

# 大吉大利

## 原 料

南瓜。

## 工 具

手刀、拉线刀、水性画笔、胶水。

## 制 作 方 法

1. 把原料拼接好并定出鸡的粗坯，用笔画出鸡的动态。
2. 刻出鸡头和鸡身的轮廓。
3. 刻好头部和拉出背部羽毛。
4. 用手刀刻出翅膀。
5. 刻出尾毛。
6. 去掉尾部废料，并刻好鸡爪。
7. 将底座刻成山石，黏上小草，用胶水在鸡尾黏一个太阳作陪衬。

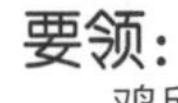

**要领：**

鸡所呈现的是俯首的动态，鸡冠要大，尾毛线条要流畅。雕刻鸡爪时需配合身子的角度，不宜太长。

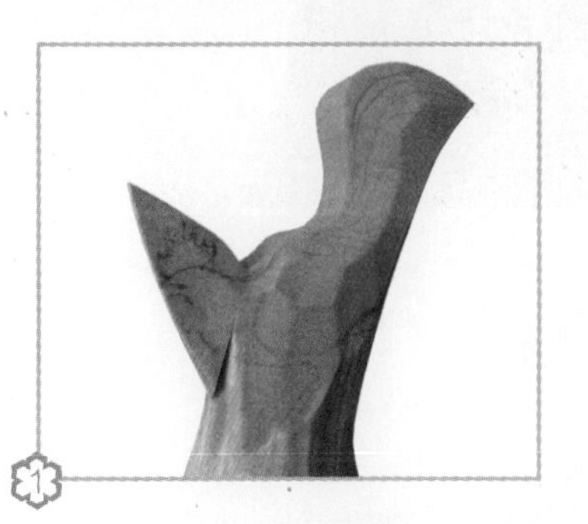

# 载胜归来

**要领：**
注意体现鸟的特征和陪衬物。

## 原料

胡萝卜。

## 工具

手刀、拉线刀、胶水。

## 制作方法

1. 把原料拼接好，刻出鸟的头部，将头顶羽毛用胶水黏上。
2. 刻出两个相交叉的翅膀。
3. 刻出尾羽。
4. 刻出鸟的左脚并黏上右脚，底座刻成树墩，给鸟安上眼睛即可。

1

2

3

4

# 独唱

## 原料

胡萝卜、心里美萝卜。

## 工具

手刀、拉线刀。

## 要领:

鸟的翅膀是振动状态，所以在雕刻翅膀时不要收得太紧，翅尖和尾部要有一定距离。底座不宜过大，花要小，要重点突出鸟。

## 制作方法

1. 用两个胡萝卜拼接好，并刻出头部雏形。
2. 刻出鸟嘴、眼睛和翅膀。
3. 另取一块原料刻成尾毛并黏上。
4. 刻出鸟爪。
5. 把底座加高，并黏上树枝。
6. 刻出树身，在树下摆些圆球。
7. 刻几朵小花装在枝头上，树下黏些小草，给鸟安上眼睛即可。

# 高歌

## 原料

南瓜。

## 工具

手刀、拉线刀、U形戳刀。

## 制作方法

1. 取一截南瓜，用拉线刀刻出鸡的动态。
2. 刻出鸡身的粗坯。
3. 刻出鸡头和鸡翅膀。
4. 装上尾毛。
5. 刻出脚和底座即可（大图）。

**要领：**

构思和布局时要注意鸡的形态与特征，鸡冠要大，鸡头要小。

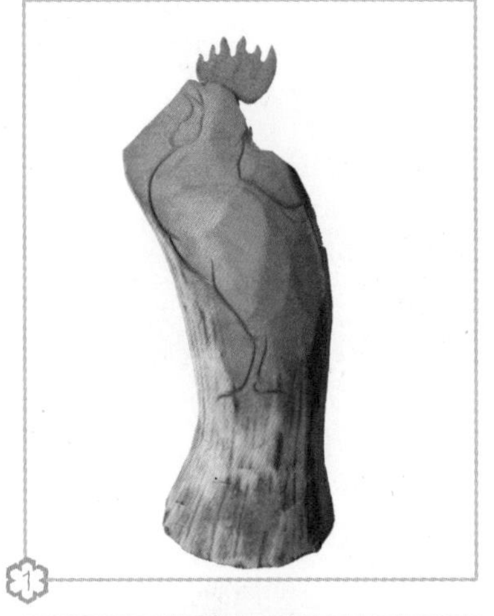

1

2

3

4

# 海韵

## 原料

南瓜、胡萝卜。

## 工具

切刀、手刀、小U形戳刀、牙签。

## 制作方法

1. 用南瓜刻出假山和海浪备用。
2. 用胡萝卜拼出海鸥的身子。
3. 装上翅膀形成粗坯。
4. 细致地刻出海鸥的头部、羽毛和脚，并用牙签固定在底座上即可。

## 要领：

海鸥的嘴长，翅膀窄长，在构思时要着重体现实用和速度等特征。

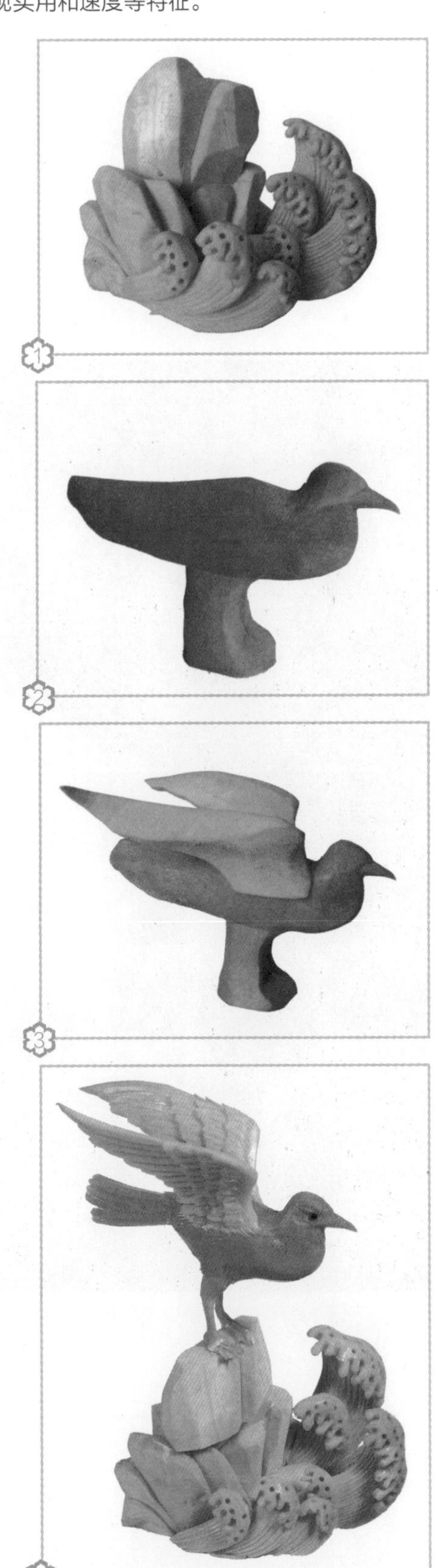

# 和平使者

## 原料

槟榔芋头、白萝卜、胡萝卜。

## 工具

手刀、U形戳刀、拉线刀。

## 制作方法

1. 用槟榔芋头刻出一个蹲着的鸽子粗坯。
2. 刻出鸽子的头和翅膀。
3. 装上鸽子的尾毛并刻出脚。
4. 再刻一个站立抬头的鸽子。
5. 将两只鸽子组装好，并用白萝卜和胡萝卜刻些牵牛花点缀即可（大图）。

1

2

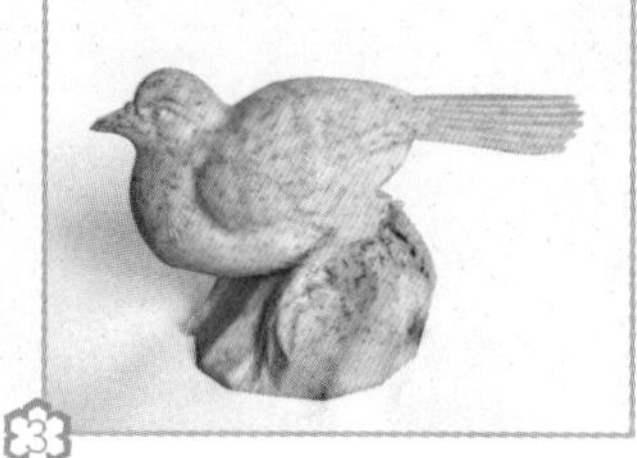

3

4

# 荷池翠鸟

**要领：**

要注意作品颜色的搭配，以及翠鸟与陪衬物的比例。

## 原料

莴笋、南瓜、冬瓜、蒜薹。

## 工具

切刀、手刀、拉线刀。

## 制作方法

1. 用莴笋头刻两个不同造型的翠鸟（图1~图3）。
2. 用南瓜刻成荷叶，蒜薹做叶茎，冬瓜皮刻成水草（图4）。
3. 把两个翠鸟装上，并刻一条鱼让一只翠鸟衔着（图5）。

# 欢天喜地

## 原料

胡萝卜、心里美萝卜。

## 工具

切刀、手刀、U形戳刀、拉线刀。

## 制作方法

1. 刻两个不同造型的喜鹊固定好（图1~图8）。
2. 将底座拼接好（图9）。
3. 刻一些梅花树枝（图10）。
4. 用心里美萝卜刻一些梅花黏上即可（图11）。

## 要领：

作品不宜太大，喜鹊造型应活泼欢快。

1

2

3

4

5

6

7

8

9

10

11

# 叽叽喳喳

## 原料

胡萝卜、心里美萝卜。

## 工具

切刀、手刀、U形戳刀、刻线刀。

## 制作方法

1. 雕刻两个不同造型的画眉（图1~图4）。
2. 拼接一段树枝，不宜过大（图5）。
3. 装上两只画眉，并配上花和树叶即可（大图）。

**要领：**

花和树叶要小，画眉的动态要自然。

1

2

3

4

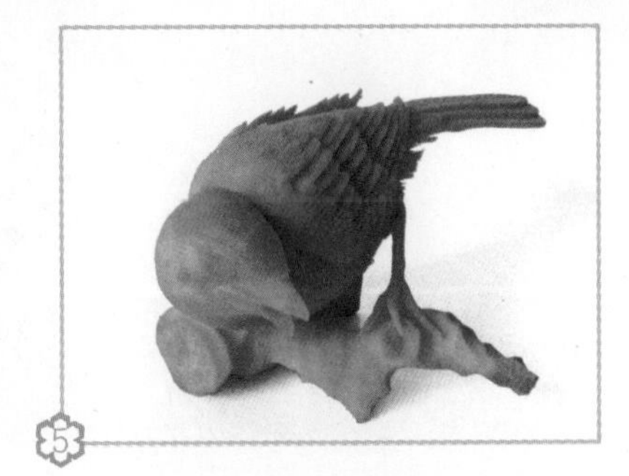

5

# 金刚鹦鹉

## 原料

南瓜。

## 工具

手刀、U形戳刀、拉线刀。

## 制作方法

1. 取一段南瓜用拉线刀拉出鹦鹉的图案。
2. 根据线条刻出鹦鹉的粗坯。
3. 刻出鹦鹉的头部。
4. 刻出鹦鹉的翅膀。
5. 刻出鹦鹉的尾毛。
6. 刻出脚部，用U形戳刀戳出树墩并接好树枝。
7. 刻出树叶并黏到树枝上，在树下刻些石头和小草点缀即可。

**要领：**

雕刻鹦鹉的难点在于头部和翅膀，嘴短而钩，鼻息肉较大，翅膀是交叉的。

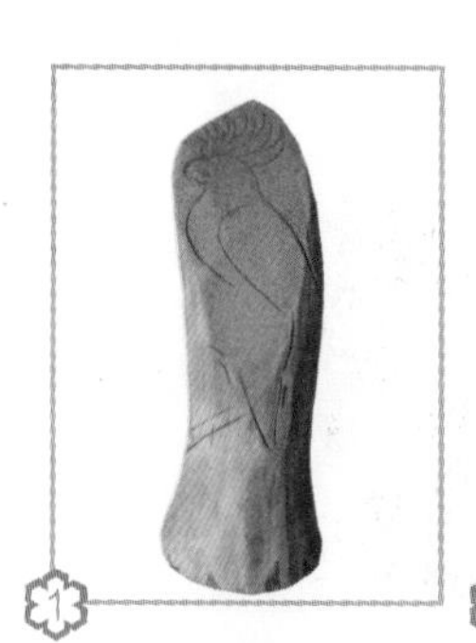

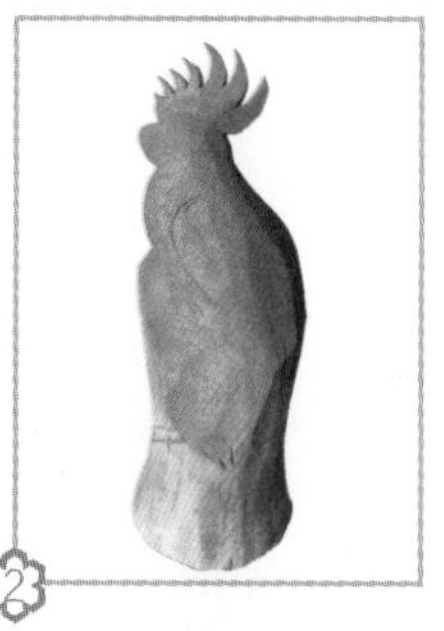

# 锦绣前程

## 原 料

南瓜、莴笋、胡萝卜、冬瓜皮。

## 工 具

手刀、拉线刀。

## 制 作 方 法

1. 刻出锦鸡的身子粗坯。
2. 用一块南瓜作为底座，并刻出锦鸡头部和眼睛的轮廓。
3. 刻出翅膀和背部羽毛。
4. 用南瓜皮刻出两片长的尾羽。
5. 刻出嘴、眼睛和脖子上的羽毛，并装上刻好的尾毛。
6. 用胡萝卜和莴笋刻两根竹子，用冬瓜皮刻竹叶和小草点缀即可（大图）。

**要领：**

锦鸡的特征主要表现在头部和尾部的羽毛上。单腿独立的动态显得更逼真自然，非常适合装饰菜肴。

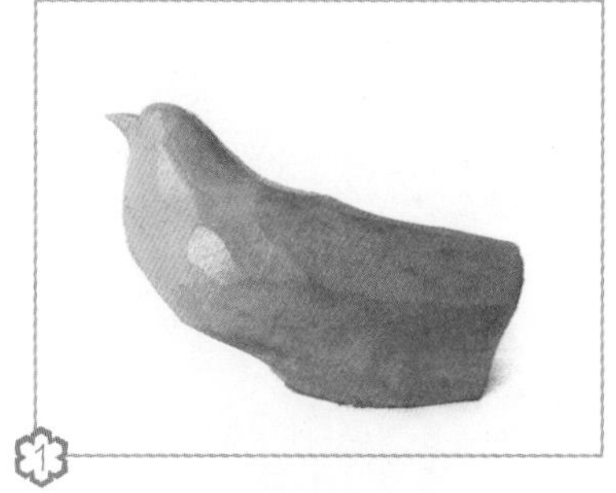

1

2

3

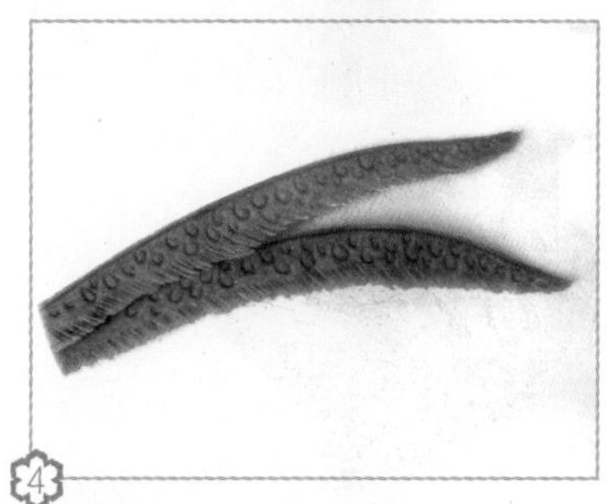

4

5

# 两只黄鹂

## 原料

胡萝卜、冬瓜皮。

## 工具

手刀、U形戳刀、拉线刀。

## 制作方法

1. 用胡萝卜刻出两只不同姿态的黄鹂（图1~图4）。
2. 用胡萝卜刻出一棵柳树的枝干，把刻好的两只黄鹂安装在柳树上（图5）。
3. 用冬瓜皮刻些柳叶黏成柳枝，再黏在树干上即可（图6）。

**要领：**

柳树只是陪衬物，不要刻得过大，树叶要刻得小点，做到主次分明。

1

2

3

4

5

6

# 山村来客

## 原 料

胡萝卜、南瓜。

## 工 具

手刀、拉线刀。

## 制 作 方 法

1. 用胡萝卜拼接并刻出两只不同姿态的麻雀（图1~图3）。
2. 用南瓜将其中一只麻雀的底座加高（图4）。
3. 把底座刻成假山，刻些小草，再加点野生植物点缀即可（大图）。

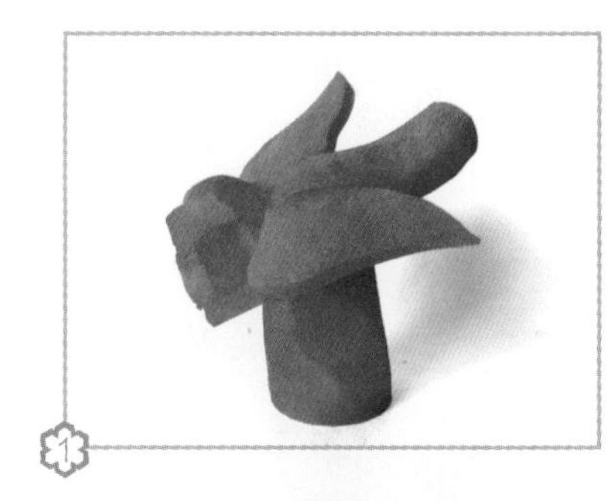

1

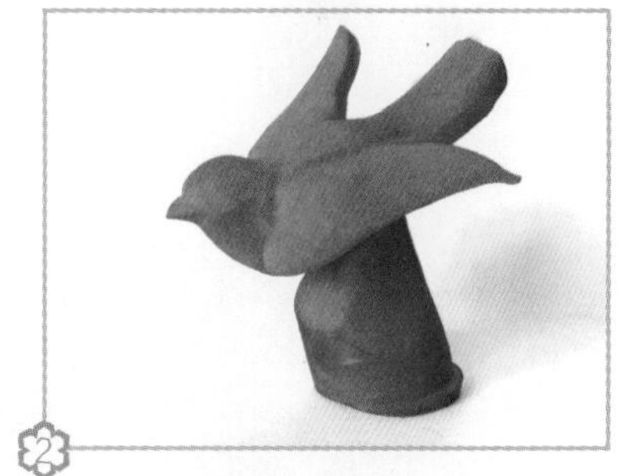

2

3

4

**要领：**

麻雀嘴短而粗，身体呈椭圆形，尾毛少而短，展示时配些野生绿色植物，会更加突出主题。

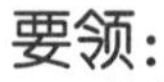

# 觅食

## 要领：

伯劳是一种杂食的小型鸟类，体形与麻雀相近，嘴形像鹰嘴，在雕刻时应注意整体的动态。

## 原料

胡萝卜、冬瓜皮、莴笋。

## 工具

手刀、U形戳刀、拉线刀、胶水。

## 制作方法

1. 用胡萝卜拼接并刻出伯劳的身子，注意嘴要刻成钩形嘴。
2. 刻出双脚并将伯劳取下。
3. 刻一个树墩和树枝。
4. 把取下的伯劳在树枝上装好。
5. 用冬瓜皮刻成树叶并用胶水黏上，再用莴笋刻一只蝈蝈放在鸟嘴下面即可。

# 鸟语花香

**要领：**

山雀和麻雀相近，只是嘴形略有不同，头上有明显的顶羽，在雕刻时要注意区分一下。

## 原料

胡萝卜、冬瓜皮、莴笋。

## 工具

手刀、U形戳刀、拉线刀。

## 制作方法

1. 用胡萝卜拼出鸟的形态，并刻出头部羽毛。
2. 刻出背部的翅膀和尾部的羽毛。
3. 装上刻好的翅膀。
4. 用胡萝卜刻一棵树。
5. 刻一些树叶、一个山雀身子安在树枝上，另外刻两个鸟爪，黏好。
6. 刻些杜鹃花加以点缀。
7. 在树下再添加几颗石头点缀即可。

# 欢歌载舞

## 原 料

胡萝卜、心里美萝卜。

## 工 具

手刀、U形戳刀、拉线刀、胶水。

## 制 作 方 法

1. 刻出两个不同动态的百歌鸟（图1~图5）。
2. 刻一棵树，并把鸟装上，刻些树叶和花用胶水黏上即可（图6）。

**要领：**

百歌鸟与其他鸟类似，头顶上有一小撮羽毛，可以先雕刻好后再黏上去。

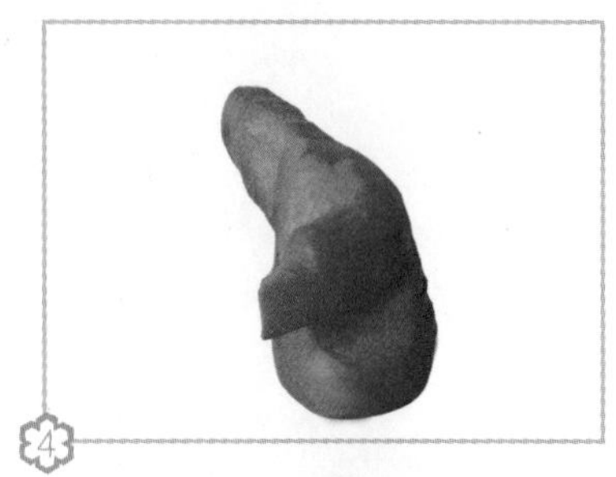

# 起飞

## 原料

白萝卜、胡萝卜、冬瓜皮。

## 工具

手刀、切刀。

## 制作方法

1. 用白萝卜先刻出两只仙鹤的粗坯。
2. 用胡萝卜刻出仙鹤的嘴，用胶水黏上并刻出羽毛。
3. 把仙鹤的眼睛装上，并刻出一些云彩。
4. 用白萝卜刻出翅膀并装上。
5. 把底座刻成水浪，用胡萝卜刻些云彩黏上即可。
6. 用冬瓜皮刻些水草放在底座上即可（大图）。

**要领：**

雕刻时刀工要简练，动态自然，以红色原料加以点缀。

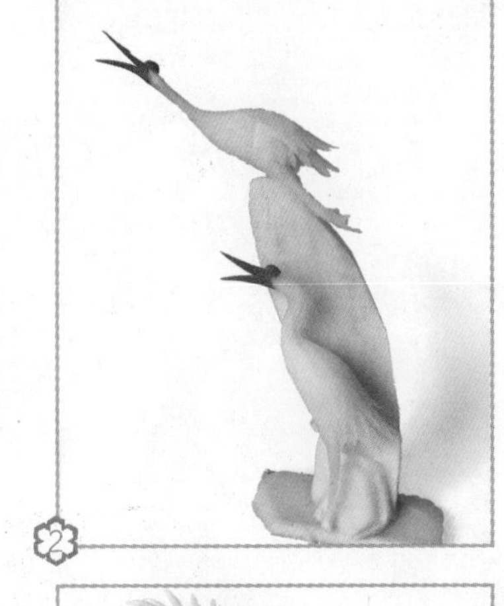

# 前程似锦

## 原料

南瓜、心里美萝卜、胡萝卜。

## 工具

手刀、拉线刀。

**要领：**

雕刻翅膀时要注意比例，锦鸡回头的姿态和脚的搭配要自然。

## 制作方法

1. 用拉线刀刻出锦鸡的头部线条。
2. 刻好粗坯。
3. 刻出锦鸡的头和身子。
4. 装上尾毛，戳出底座。
5. 装上翅膀。
6. 再刻一些陪衬的花、树叶和尾巴上的红圆点，装上即可。

# 曲项向天歌

## 原料

胡萝卜。

## 工具

手刀、拉线刀。

## 制作方法

1. 刻出鹅的粗坯。
2. 刻出头、翅膀和脚。
3. 黏上底座，刻些小草黏上即可。

**要领：**

要突出鹅的身体特征，把头和脚要刻好。

# 森林医生

## 原料

南瓜、胡萝卜。

## 工具

切刀、手刀、U形戳刀、拉线刀。

## 制作方法

1. 用南瓜和胡萝卜组合成树和鸟的搭配。
2. 刻出啄木鸟。
3. 刻出羽毛，并装上尾巴。
4. 刻好树干和树枝。
5. 黏上刻好的树叶，在啄木鸟的嘴里再放一条刻好的虫子即可（大图）。

**要领：**

作品的动感性较强，形态逼真，在构思和布局时要注意整体的协调。

1

2

3

4

# 绶带迎春

**要领：**

绶带鸟体形小，尾毛长，安装时要注意整个作品的观赏角度和立体感。

## 原料

胡萝卜、心里美萝卜。

## 工具

切刀、手刀、U形戳刀、拉线刀。

## 制作方法

1. 选一个较长的胡萝卜刻一只绶带鸟的粗坯。
2. 刻出羽毛和尾巴。
3. 刻一棵树。
4. 把鸟安在树上。
5. 黏上刻好的树叶和花。
6. 在树下刻一些小草和石头点缀即可（大图）。

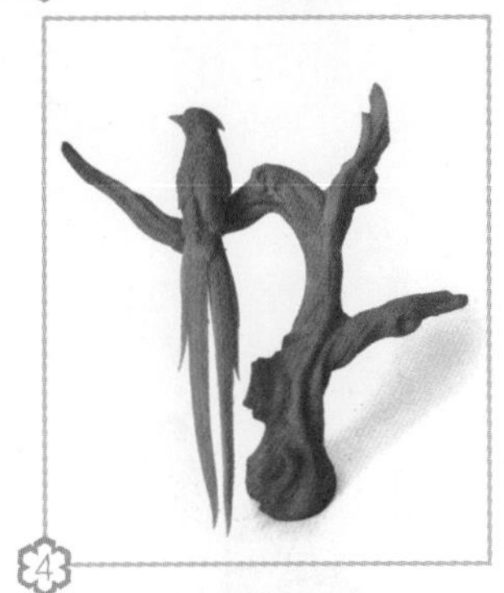

# 松鹤同寿

## 原料

南瓜、胡萝卜。

## 工具

切刀、手刀、U形戳刀、拉线刀、竹签。

## 制作方法

1. 用胡萝卜刻出两只不同姿态的黄鹤，用竹签代替鹤脚（图1~图4）。
2. 用南瓜刻出松树树干和树叶（图5）。
3. 把两只黄鹤安装在树上，并用绿叶点缀（大图）。

**要领：**

松树底座要粗大一些，把鹤装上后要固定好，注意两只鹤的摆放角度。

1

3

4

5

# 喜出望外

## 原料

胡萝卜。

## 工具

手刀、拉线刀。

## 制作方法

1. 取一个胡萝卜，在一侧接一小段萝卜刻出头和嘴（图1~图2）。
2. 刻出翅膀和尾毛并黏上，在鸟的身后加一束绿叶加以点缀（图3）。
3. 刻出脚和底座即可（大图）。

**要领：**

注意鸟和底座要区分明显，鸟腹部下面的废料要去除干净。

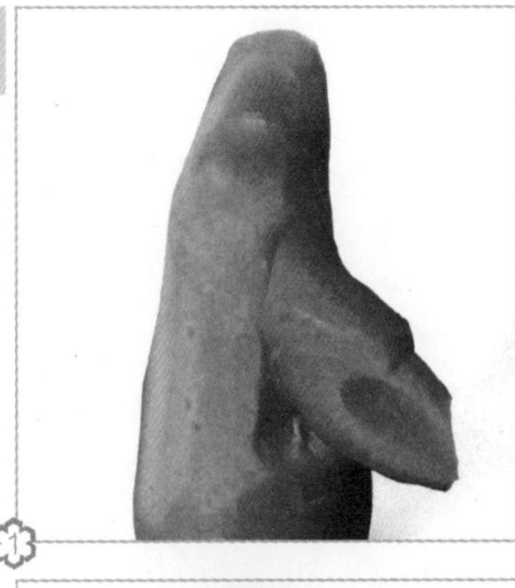
1

2

3

# 一家老小

## 原料

胡萝卜、南瓜、心里美萝卜 、蒜薹、冬瓜皮。

## 工具

切刀、手刀、拉线刀。

**要领：**

雕刻时要注意公鸡、母鸡和小鸡的比例，组装时要注意颜色的搭配。

## 制作方法

1. 刻一只抬头挺胸的公鸡（图1~图4）。
2. 刻一只低头的母鸡和几只小鸡（图5~图7）。
3. 用南瓜切成厚片并黏好做底座，用胡萝卜刻出4根剖成半边的竹子，再用蒜薹捆好黏在底座边上。
4. 把刻好的公鸡、母鸡和小鸡按角度摆好并固定在底座上。
5. 把心里美萝卜切成米粒状并撒在底座上，边上用冬瓜皮刻成小草点缀即可。

1

2

3

4

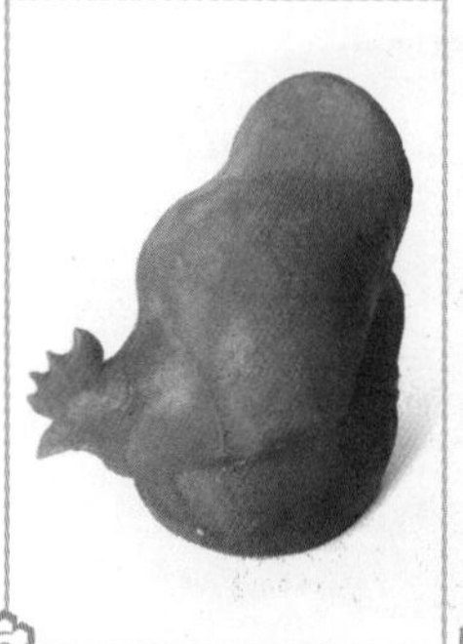
5

6

7

# 鸳鸯戏水

**要领：**

注意两只鸳鸯的角度和脚的雕刻。

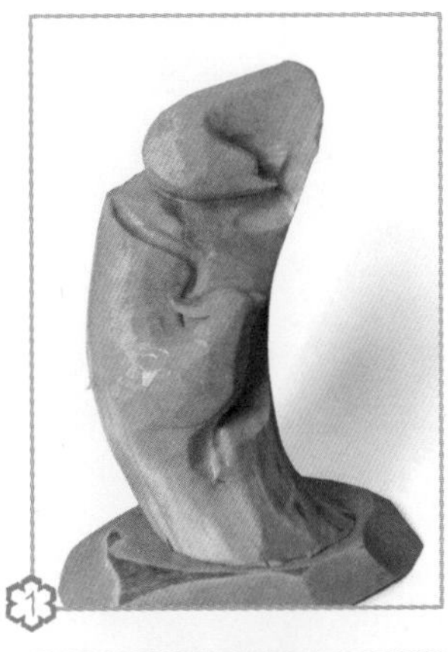

## 原 料

南瓜、冬瓜皮。

## 工 具

手刀、拉线刀。

## 制 作 方 法

1. 取一截弧度较大的南瓜，刻出两只鸳鸯的基本位置和造型。
2. 刻出上面的一只鸳鸯并装上翅膀和相思羽。
3. 刻出下面的一只鸳鸯，把底座刻成浪花。用冬瓜皮刻成水草点缀即可（图3、大图）。

# 永不分离

## 原料

南瓜、心里美萝卜。

## 工具

手刀、拉线刀。

## 制作方法

1. 雕刻好一对鸳鸯（图1~图6）。
2. 用南瓜和心里美萝卜刻成荷花和荷叶（图7）。
3. 把鸳鸯和荷花黏好，刻些小草和石头点缀即可（大图）。

## 要领：

鸳鸯是象征爱情的鸟类，背上有相思羽的为雄性，在雕刻和摆放时要注意互相呼应。荷花代表纯洁，鸳鸯又生活在水面，所以经常把它们联系在一起。

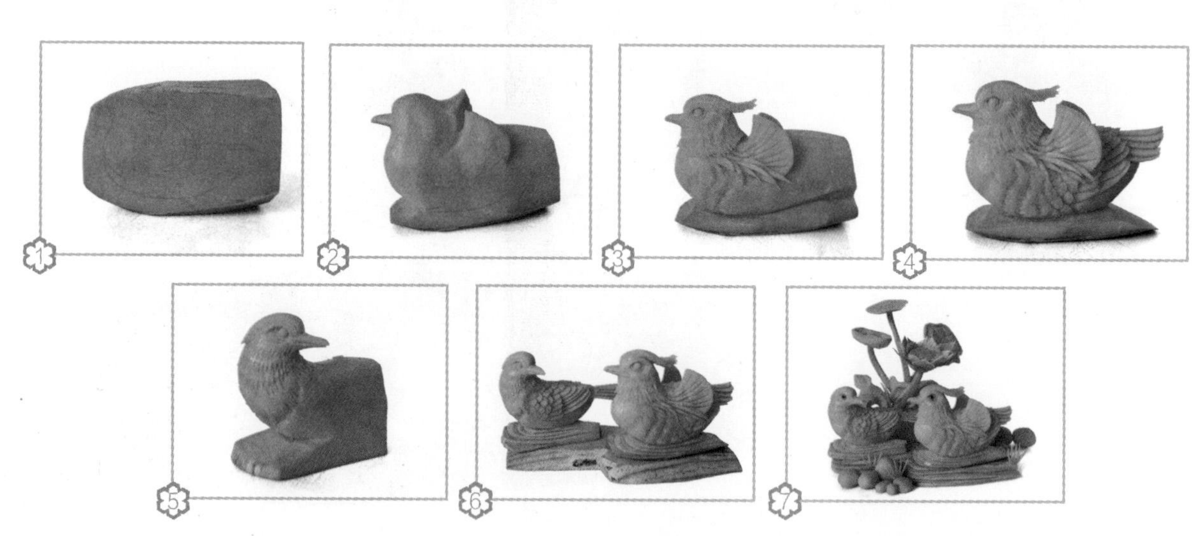

# 永相随

## 原料

白萝卜、胡萝卜、冬瓜皮。

## 工具

切刀、手刀。

## 制作方法

1. 将白萝卜切去两边废料，用笔在侧面画出天鹅的造型。
2. 用手刀刻出天鹅的粗坯。
3. 用胡萝卜刻出天鹅头并黏好，刻出两个翅膀。
4. 再刻出另一个不同造型的天鹅。
5. 另取白萝卜刻出一对翅膀。
6. 把底座刻成水浪，用冬瓜皮刻成水草即可。

**要领：**

天鹅的脖子细长，雕刻时要注意流畅自然，它的身子较肥，翅膀弯曲得不宜过大。

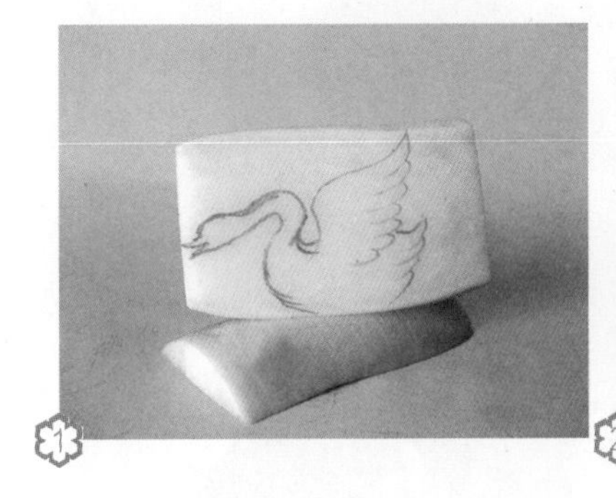

1

2

3

4

5

6

# 渔家风景

**要领：**

雕刻鸬鹚时要注意嘴和脚的形状，固定时可用牙签和胶水结合使用。

## 原 料

南瓜、胡萝卜。

## 工 具

切刀、手刀。

## 制 作 方 法

1. 用南瓜拼接并刻出一只小船。
2. 刻出两只站立的鸬鹚（图2~图9）。
3. 用胡萝卜切一张渔网，把鸬鹚、船和渔网组装好即可（大图）。

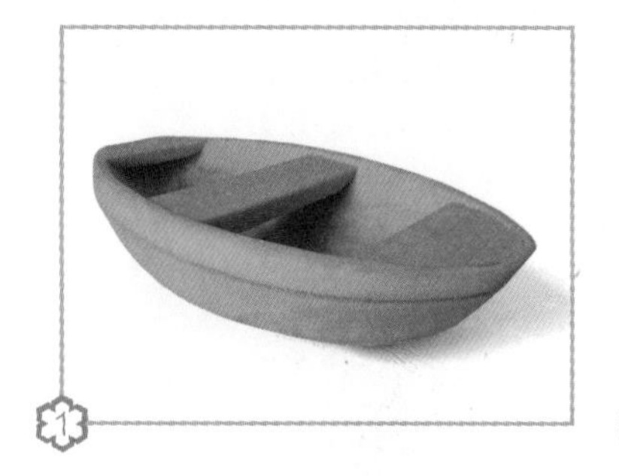

1

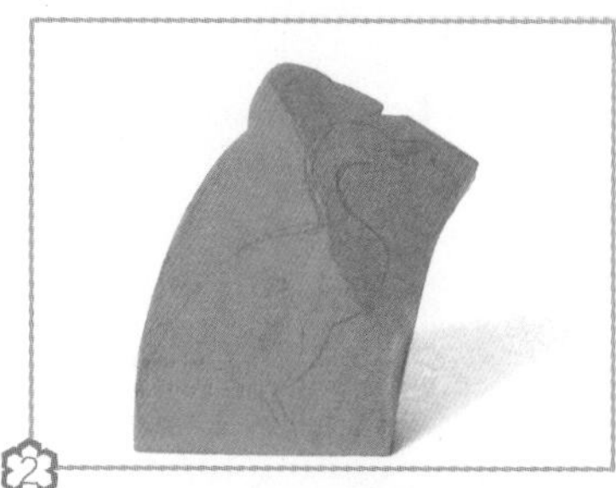

2

3

4

5

6

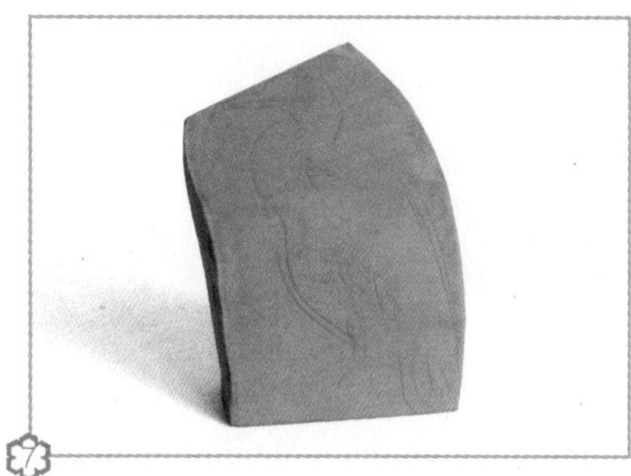

7

8

9

# 孔雀迎宾

## 原料

胡萝卜、心里美萝卜、冬瓜皮。

## 工具

切刀、手刀、拉线刀、胶水。

## 制作方法

1. 用胡萝卜拼出孔雀的造型。
2. 刻出孔雀的粗坯。
3. 刻出孔雀的头部和身子。
4. 用胡萝卜切成厚块，刻出孔雀尾羽，将尾羽片成薄片待用（图4~图5）。
5. 把孔雀尾羽由外到里用胶水黏好，然后装上翅膀（图6~图7）。
6. 刻好的树叶和花黏在孔雀下面即可（大图）。

**要领：**

黏孔雀尾羽时要先黏好底板，孔雀尾羽和身子要有一定弧度，以便在摆放时有更多空间放菜肴。

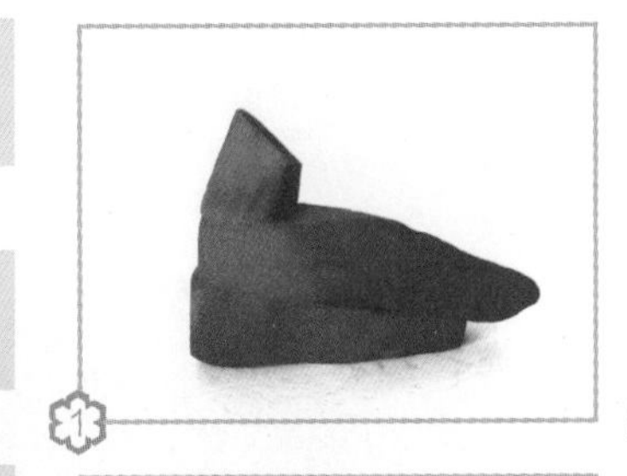

# 鹦鹉

## 原料

胡萝卜、南瓜。

## 工具

手刀、拉线刀。

## 制作方法

1. 用胡萝卜和南瓜刻出树、花和石子并做成底座。
2. 用胡萝卜刻出鹦鹉，装在树上即可。

# 找家园

## 原料

胡萝卜。

## 工具

手刀、拉线刀。

## 制作方法

1. 用胡萝卜刻出3只小鸟。
2. 刻出一棵树做底座，把小鸟摆放在不同的位子即可。

# 白鹤亮翅

## 原料

白萝卜、红萝卜、南瓜、冬瓜。

## 工具

手刀、V形戳刀、胶水、竹签。

## 制作方法

1. 刻出两个不同动态的白鹤身体。
2. 刻一对翅膀装在抬头的白鹤身上。
3. 用红萝卜刻出嘴，再用胶水黏上。
4. 用南瓜刻出山石做底座。
5. 用冬瓜皮刻出小草黏在底座上。
6. 用竹签代替白鹤的腿，插在底座上即可。

**要领：**

白鹤是吉祥鸟，代表长寿，由于喜庆宴会上不能用纯白的，所以鹤嘴和底座需要配上红色。雕刻时要注意动态自然，比例得当，脖子要细，腿要长。可用于点缀菜肴和制作展台。

# 守望

## 原料

胡萝卜、南瓜。

## 工具

手刀、U形戳刀、拉线刀。

## 制作方法

1. 用南瓜雕一棵树。
2. 在树的顶端用南瓜皮切丝做一个小鸟巢，里面用白萝卜做几个小鸟蛋。
3. 再刻出一只山雀安装在鸟巢下面即可。

**要领：**

鸟巢不要过大，重心要稳。适合中小盘头点缀。

# 雏鸡

## 原料

南瓜。

## 工具

手刀、拉线刀、U形戳刀、胶水。

## 制作方法

1. 刻出雏鸡身子粗坯。
2. 刻出头部。
3. 刻出身子和翅膀的羽毛。
4. 单独刻出尾毛并用胶水黏好。
5. 在底座接些树枝，黏上刻好的树叶即可（大图）。

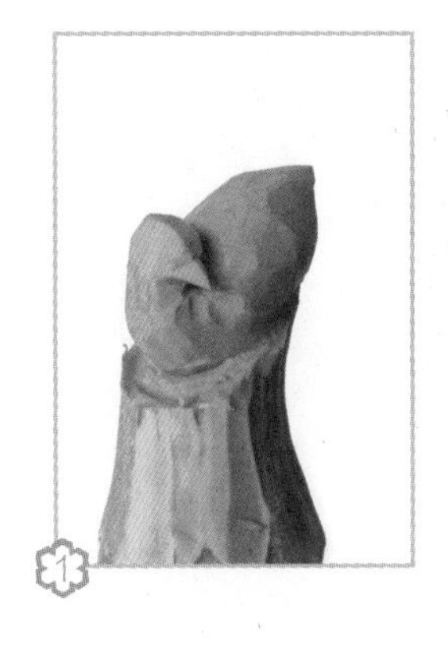

1

2

3

4

# 自唱自乐

## 原料

南瓜、胡萝卜。

## 工具

U形戳刀、手刀、拉线刀。

## 制作方法

1. 用胡萝卜刻出小鸟。
2. 用南瓜刻出菊花和绣球花。
3. 用胡萝卜戳个树墩做底座，把鸟和花安装好即可。

# 水产类

# 出游

**要领：**

注意虾的形态和水浪的波纹。

## 原料

胡萝卜。

## 工具

U形戳刀、手刀、拉线刀。

## 制作方法

1. 把胡萝卜两边切掉，定出虾的动态。
2. 刻出虾的头和身子。
3. 刻出虾头部和腹部的触须，以及虾的脚。
4. 用相同的方法再刻出几只虾（图5~图7）。
5. 刻出一些水浪组合成底座，把刻好的虾装上即可（图8）。

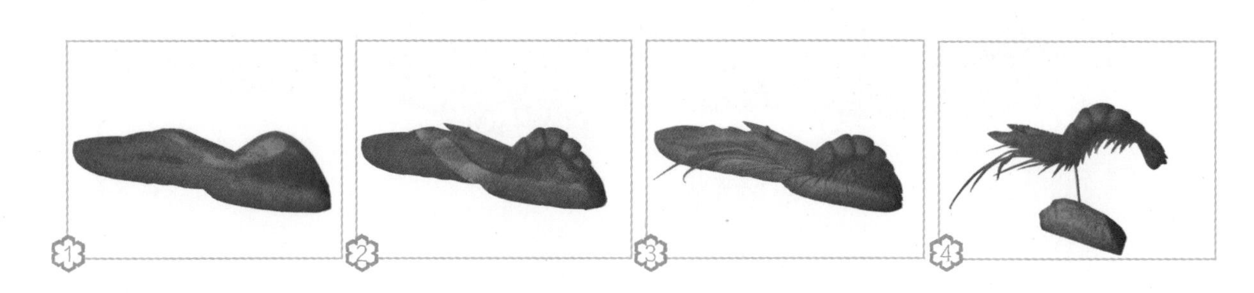


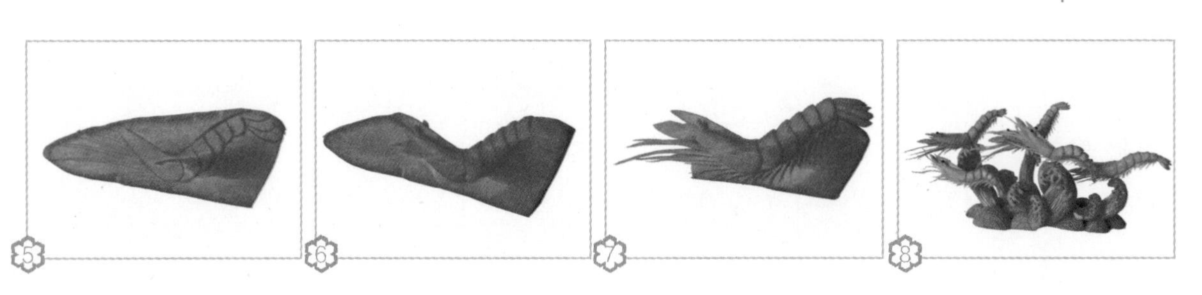

# 龙虾

## 原料

南瓜。

## 工具

手刀、拉线刀、胶水。

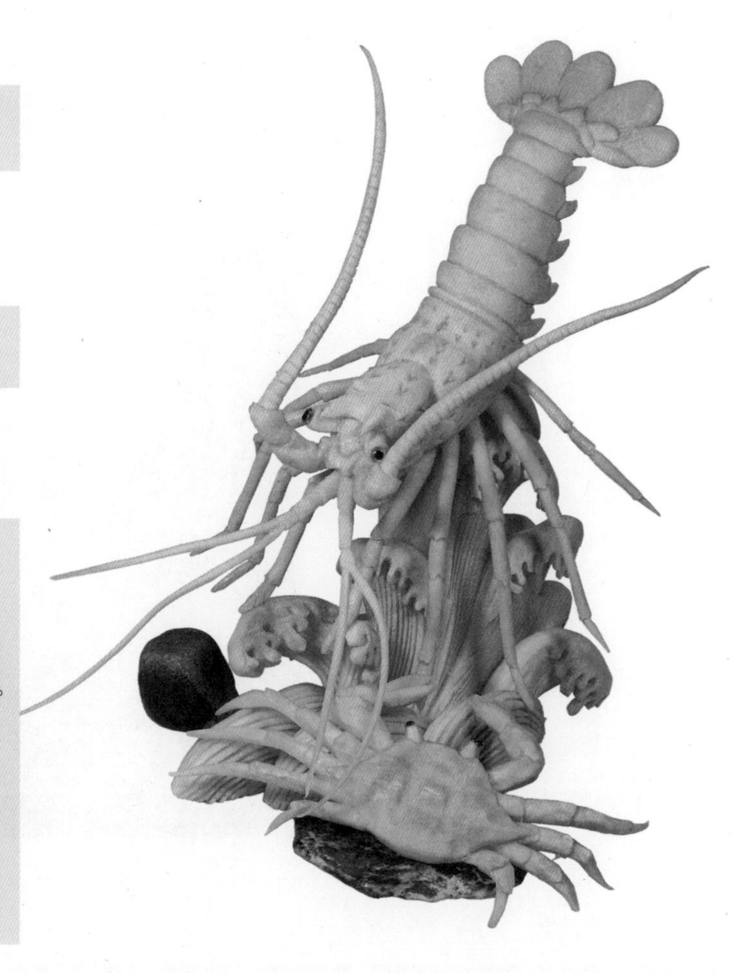

## 制作方法

1. 刻一组海浪做底座。
2. 用南瓜刻出龙虾的粗坯。
3. 刻出虾尾和虾身（图3~图4）。
4. 刻出10只虾脚并用胶水黏上（图5）。
5. 装上虾的触须，并将龙虾固定在海浪上（图6）。
6. 用南瓜刻出一只海蟹（图7）。
7. 去掉废料，取出海蟹（图8）。
8. 将海蟹装在海浪上即可（大图）。

1

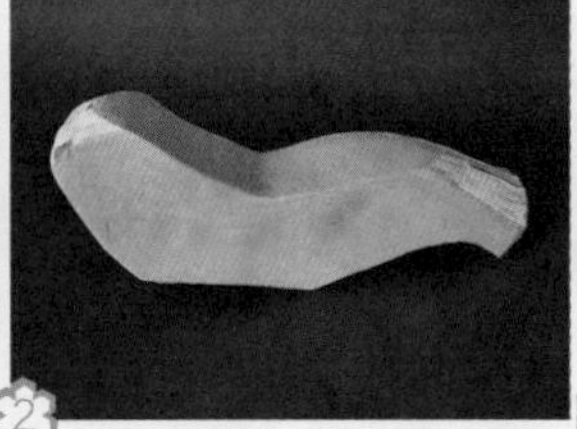

2

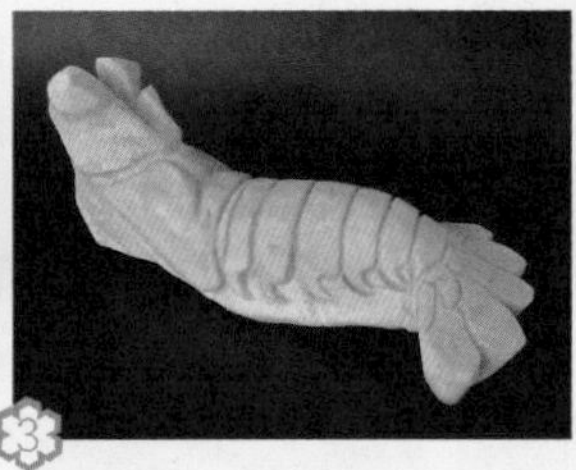

3

4

5

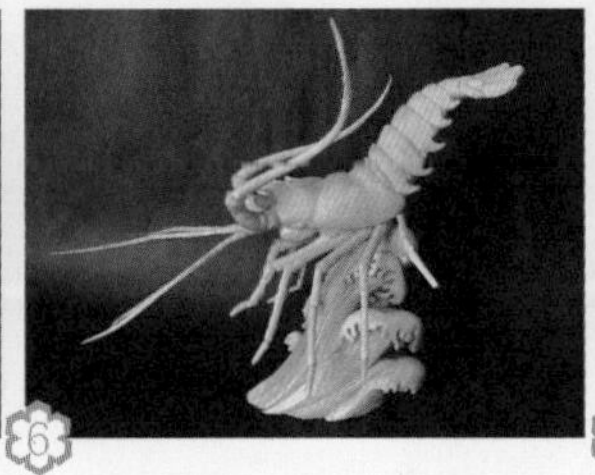

6

7

8

# 海底世界

## 原 料

白萝卜、南瓜、胡萝卜。

## 工 具

手刀、U形戳刀。

## 制 作 方 法

1. 把白萝卜拼接起来。
2. 用U形戳刀戳出珊瑚的形状。
3. 用南瓜和胡萝卜刻一些蟹和海鱼等海生动物（图3~图4）。
4. 把刻好的海生动物组装在珊瑚上，做些海藻和小石头点缀即可（图5）。

**要领：**

珊瑚要雕刻得逼真，海生动物只要3~4种即可。

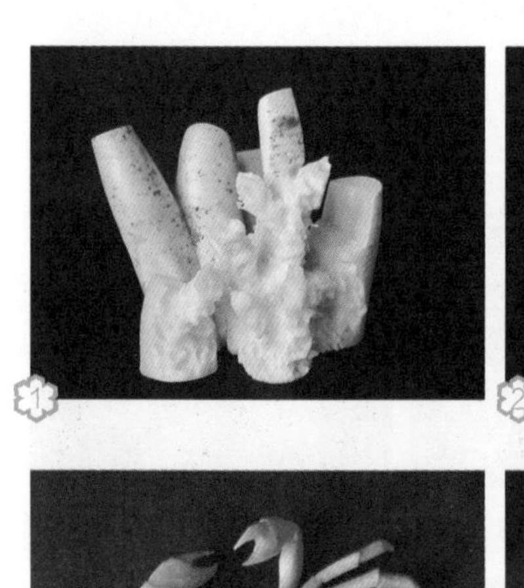

1

2

3

4

5

# 海底一角

**要领：**
注意颜色的搭配。

## 原料

白萝卜、胡萝卜、莴笋。

## 工具

手刀、U形戳刀。

## 制作方法

1. 把白萝卜刻成珊瑚的形状。
2. 用胡萝卜刻出两只海马（图2~图4）。
3. 把海马装在珊瑚上面，将莴笋切成细丝，与海藻一起点缀即可（大图）。

1

2

3

4

# 海中之王

## 原料

南瓜。

## 工具

手刀、拉线刀。

## 制作方法

1. 用南瓜去皮刻出鲨鱼身子的粗坯。
2. 给鲨鱼接上尾巴和鱼翅。
3. 刻出眼睛和嘴巴。
4. 刻出牙齿和海浪。
5. 用仿真眼做眼珠，用挖球器挖些小球做水珠即可。

**要领：**

尖而锋利的牙齿，方能体现鲨鱼的凶猛。

1

2

3

4

5

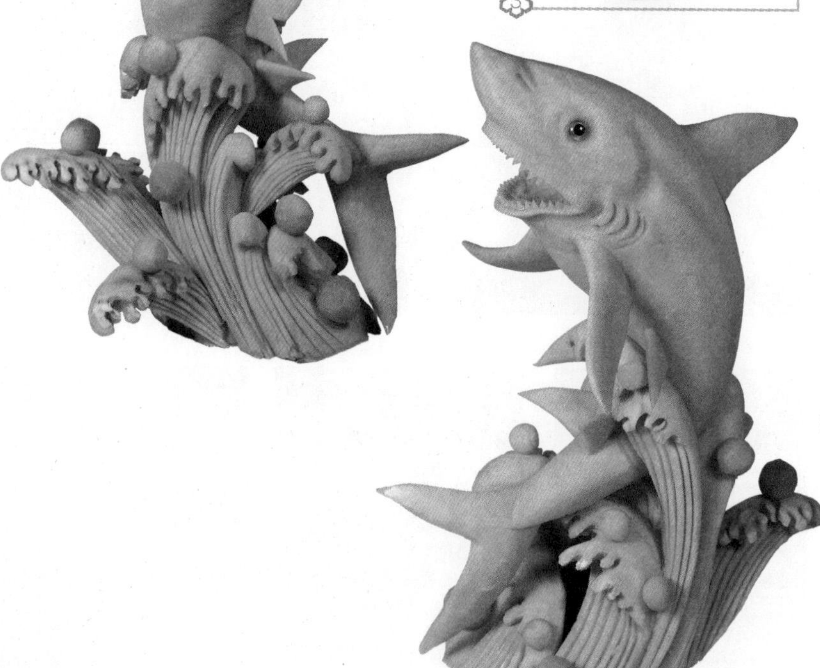

# 教子

## 原料

南瓜、胡萝卜、心里美萝卜。

## 工具

手刀、V形戳刀。

## 制作方法

1. 用南瓜刻一个小海狮和大海狮（图1~图4）。
2. 用胡萝卜刻一个小球黏在大海狮的鼻子上（图5）。
3. 把胡萝卜和心里美萝卜切成米粒状并做成沙滩，再把海狮摆上即可（大图）。

1

2

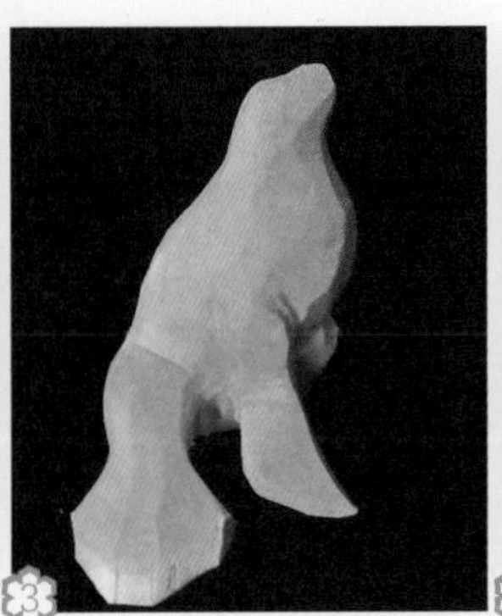

3

4

5

# 金鱼戏浪

## 原料

南瓜、白萝卜。

## 工具

手刀、拉线刀。

## 制作方法

1. 切一段南瓜并把两边去掉，画出金鱼的图形。
2. 刻出金鱼的粗坯。
3. 刻出金鱼的初步形状。
4. 刻出鱼鳞和鱼尾。
5. 用白萝卜刻些波浪，把金鱼装上即可（大图）。

1

2

3

4

# 金鱼戏莲

## 原料

南瓜、心里美萝卜、冬瓜皮。

## 工具

手刀、拉线刀、U形戳刀。

## 制作方法

1. 先刻两只金鱼（图1~图7）。
2. 用心里美萝卜刻出两朵莲花。
3. 把南瓜刻成礁石做底座。
4. 把冬瓜皮刻成水草和莲叶。
5. 把金鱼固定在礁石上，装上花和陪衬的东西即可。

1

2

3

4

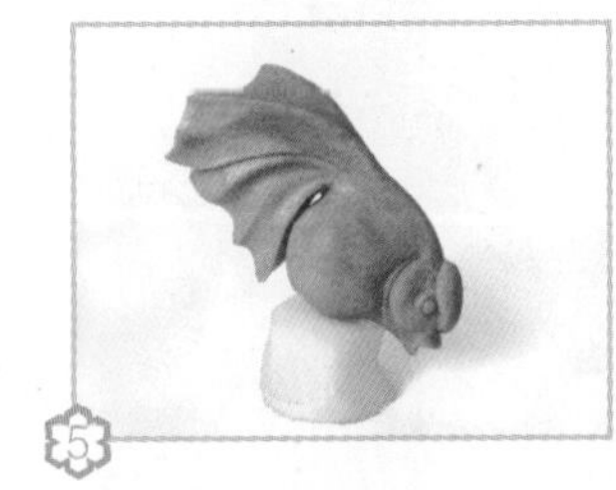

5

6

7

8

# 鲤鱼跳龙门

## 原料

胡萝卜。

## 工具

手刀、拉线刀。

## 制作方法

1. 用胡萝卜拼接成一个龙门（图1~图3）。
2. 刻些海水和浪花（图4）。
3. 刻两条鲤鱼（图5~图8）。
4. 把鲤鱼、龙门、海水和浪花拼接起来即可（大图）。

1

2

3

4

5

6

7

8

# 其他类

# 花篮迎宾

## 原料

南瓜、西瓜皮、胡萝卜、大白菜、心里美萝卜。

## 工具

切刀、手刀、U形戳刀。

## 制作方法

1. 把南瓜两边切掉，接一个底座做成花篮的粗坯。
2. 刻出花篮的提手。
3. 刻出花篮的主体。
4. 用U形戳刀在花篮的边上戳出等距离的小孔，用相同的戳刀戳出西瓜皮条，并插满小孔。
5. 用胡萝卜、大白菜、心里美萝卜等刻出各种花卉，配上绿色植物即可。

## 要领：

花篮的形状要好看，需要的花的品种很多，五颜六色才会有真实感。此类花篮适用于展台和包厢里的看盘。

1

2

3

4

5

# 公园风景

## 原料

南瓜、白萝卜、槟榔芋头。

## 工具

切刀、手刀、U形戳刀、拉线刀。

**要领：**

宝塔是中国传统建筑的一种，塔面成双，塔层成单。雕刻时要注意层次的高低和视觉差，塔层一般由高到矮。亭子的雕刻法和宝塔一样。

## 制作方法

1. 把槟榔芋头切成一个六面等边的柱体，从塔顶开始用手刀刻出5个塔层，刻出塔的檐面和门窗，黏上塔楼边上的扶栏和檐角的风铃（图1~图5）。
2. 把槟榔芋头切成一个等腰梯形块，去掉中间的废料，戳出桥洞，刻出桥栏（图6~图9）。
3. 用白萝卜做成底座，把宝塔、桥和亭子安装好，插上树叶点缀，桥下刻些荷花、荷叶和鸳鸯做陪衬物即可（大图）。

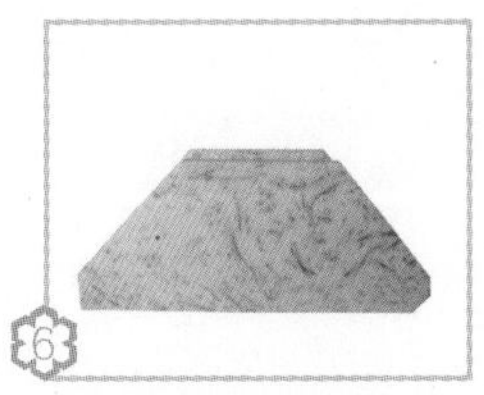

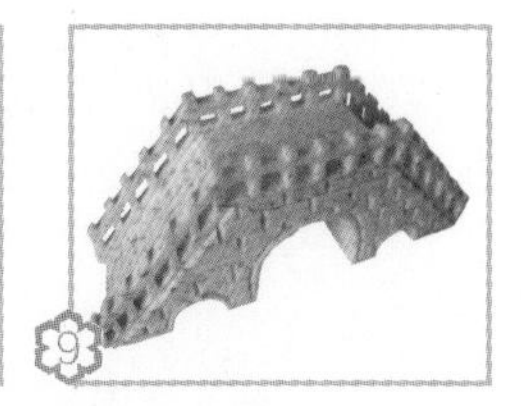

# 长城

## 要领：

在雕刻长城时要注意建筑的高低起伏，角度要自然合理，要体现出长城的宏伟气势。

## 原料

槟榔芋头、白萝卜。

## 工具

切刀、手刀、胶水。

## 制作方法

1. 把槟榔芋头切成长方块，刻出城垛、墙面和城内（图1~图2）。
2. 刻出城墙（图3）。
3. 将城墙用胶水黏在一起，形成高低起伏的形状（图4~图5）。
4. 把白萝卜刻成底座山石，把黏好的长城安装上去，在附近插些树叶即可（大图）。

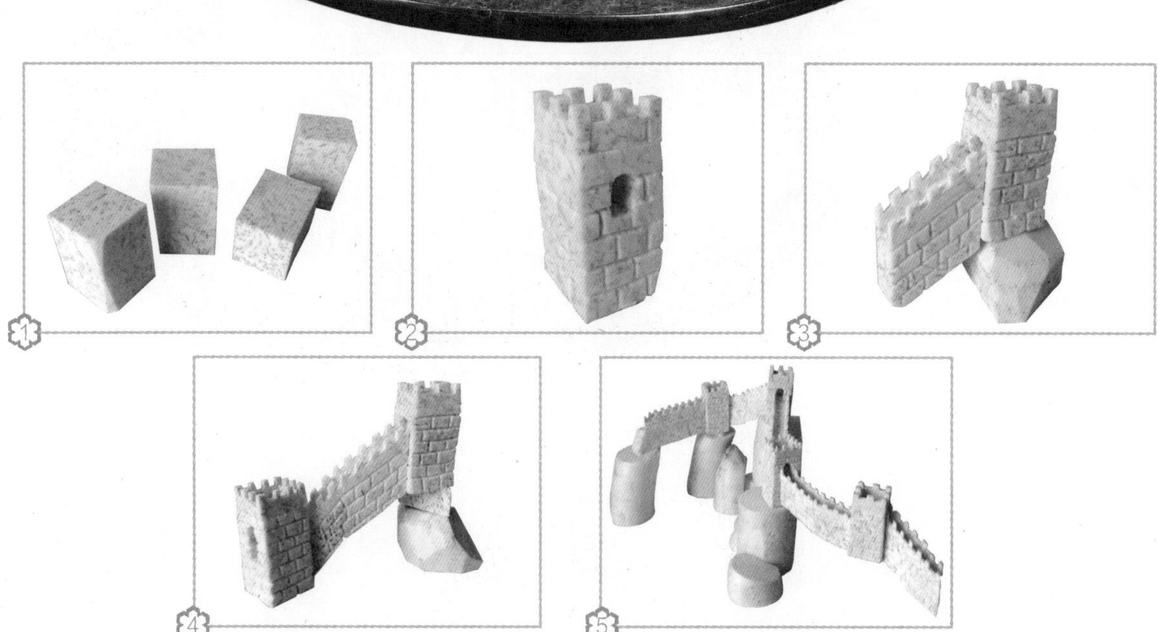